* 이 책에 사용된 사진 및 통계 등은 가능한 한 저작권과 출처 확인 과정을 거쳤습니다.
  이 밖에 저작권자를 찾지 못하여 게재 허락을 받지 못한 일부 사진의 저작권에 관한 문의사항은
  청어람미디어 편집부로 해주시기 바랍니다.

과학, 10월의 하늘을 날다

1판 1쇄 찍은날 2012년 9월 24일
1판 13쇄 펴낸날 2020년 9월 11일

글쓴이 | 정재승 김탁환 김택진 윤송이 외
펴낸이 | 정종호
펴낸곳 | (주)청어람미디어

책임편집 | 윤정원
마케팅 | 황효선
제작·관리 | 정수진
인쇄·제본 | (주)에스제이피앤비

등록 | 1998년 12월 8일 제22-1469호
주소 | 03908 서울 마포구 월드컵북로375, 402호(상암동)
이메일 | chungaram@naver.com
블로그 | chungarammedia.com
전화 | 02-3143-4006~8
팩스 | 02-3143-4003

ISBN 978-89-97162-30-7 03400
잘못된 책은 구입하신 서점에서 바꾸어 드립니다.
값은 뒤표지에 있습니다.

이 도서의 국립중앙도서관 출판시도서목록(CIP)은 e-CIP 홈페이지(http://www.nl.go.kr/ecip)와
국가자료공동목록시스템(http://www.nl.go.kr/kolisnet)에서 이용하실 수 있습니다.
(CIP제어번호 : CIP2012004331)

청 소 년 을 위 한 아 름 다 운 나 눔 강 연

과학, 10월의 하늘을 날다

정재승 김탁환
김택진 윤송이
이은희 김민식
윤신영 이동원
박연준 김기상
김지연 서랍바람
이원혜 이지민
송현욱 황지은

청어람미디어

〈옥토버 스카이 October Sky〉 ……

1957년 10월 어느 날,
미국 탄광촌에 살던 소년 호머는
소련에서 쏘아 올린 '하늘을 날아오르는 별',
인공위성에 관한 뉴스를 보고 로켓 과학자의 꿈을 키웁니다.

땅속만을 바라보며 사는 탄광촌 사람들에게
하늘을 향한 소년의 꿈은 비웃음거리에 불과했습니다.

하지만 호머는 온갖 좌절과 실패를 극복하고
꿈을 향해 나아갔습니다.

그리고 마침내 그는 미 항공우주국 NASA의 로켓 과학자가 되지요.

탄광촌 소년에게 과학에 대한 꿈을 심어주었던
10월의 하늘은
50여 년이 흐른 지금,
이 땅의 청소년들에게도 펼쳐지고 있습니다.

〈10월의 하늘〉은……

과학을 접할 기회가 많지 않은 청소년을 대상으로
전국 도서관에서 펼쳐지는 과학 강연 나눔 행사입니다.
기획에서 준비, 강연, 진행 등의 전 과정이
참여자들의 자발적 재능기부로 이루어집니다.

'10월의 하늘'을 통해
강연자는 자신이 과학의 길에 들어서던 날,
그날의 초심을 되돌아볼 수 있고

기부자는 자신이 가진 재능을
타인과 나누는 기쁨을 맛볼 수 있으며,

청소년은 자연과 과학의 경이로움을 느끼고
과학에 대한 꿈을 키워나갈 수 있게 됩니다.

스푸트니크호 발사 뉴스가 소년 호머의 마음속에 꿈을 새겨줬듯
'10월의 하늘'이 이 땅의 청소년 중 단 한 명에게라도
미래의 과학자가 되겠다는 꿈을 갖게 할 수 있다면
정말 멋진 일이겠지요!

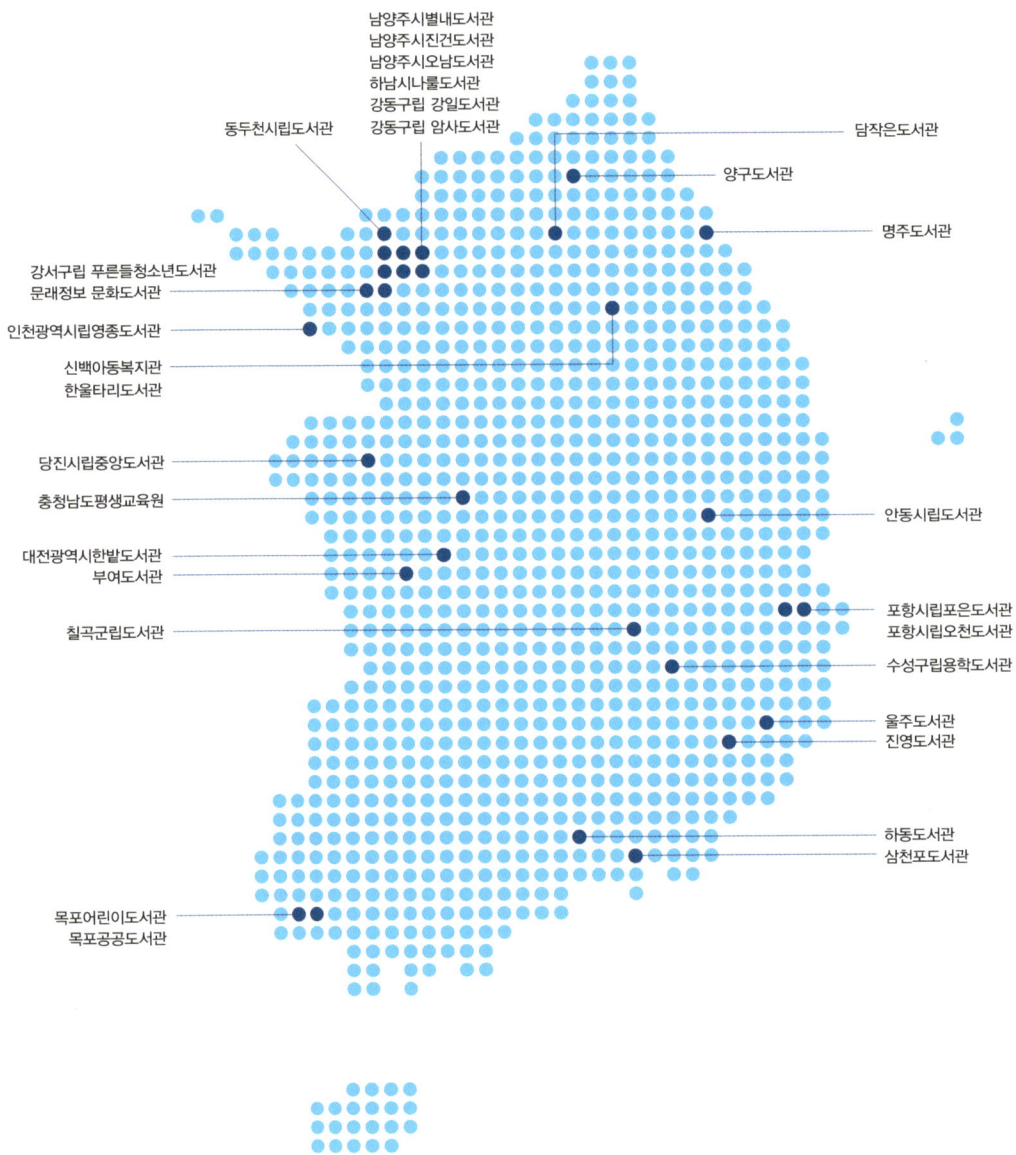

남양주시별내도서관
남양주시진건도서관
남양주시오남도서관
하남시나룰도서관
강동구립 강일도서관
강동구립 암사도서관

동두천시립도서관

담작은도서관

양구도서관

명주도서관

강서구립 푸른들청소년도서관
문래정보 문화도서관

인천광역시립영종도서관

신백아동복지관
한울타리도서관

당진시립중앙도서관

충청남도평생교육원

안동시립도서관

대전광역시한밭도서관
부여도서관

칠곡군립도서관

포항시립포은도서관
포항시립오천도서관

수성구립용학도서관

울주도서관
진영도서관

하동도서관
삼천포도서관

목포어린이도서관
목포공공도서관

2010년

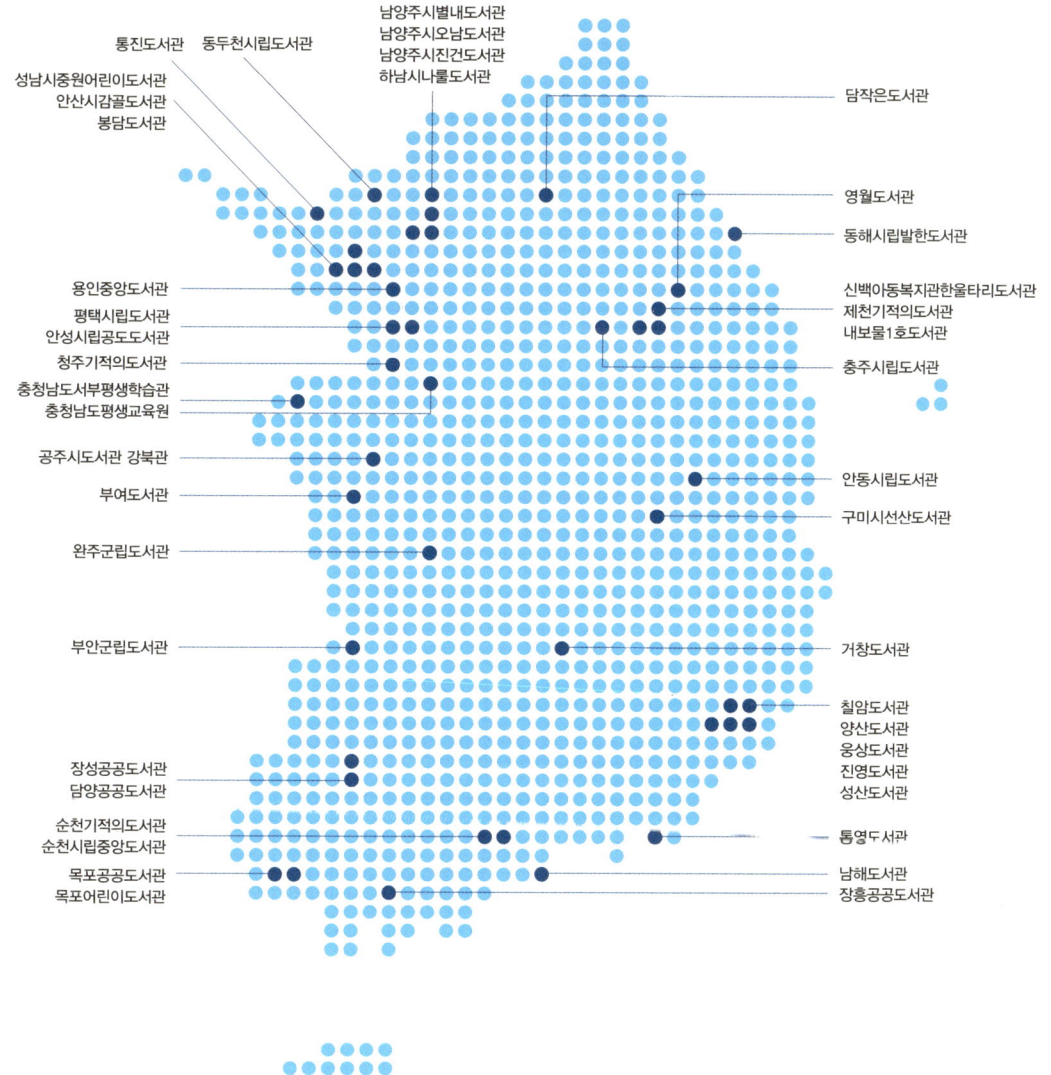

통진도서관　동두천시립도서관

남양주시별내도서관
남양주시오남도서관
남양주시진건도서관
하남시나룰도서관

성남시중원어린이도서관
안산시감골도서관
봉담도서관

담작은도서관

영월도서관
동해시립발한도서관

용인중앙도서관
평택시립도서관
안성시립공도도서관
청주기적의도서관
충청남도서부평생학습관
충청남도평생교육원

신백아동복지관한울타리도서관
제천기적의도서관
내보물1호도서관
충주시립도서관

공주시도서관 강북관

안동시립도서관
구미시선산도서관

부여도서관

완주군립도서관

부안군립도서관

거창도서관

칠암도서관
양산도서관
웅상도서관
진영도서관
성산도서관

장성공공도서관
담양공공도서관

순천기적의도서관
순천시립중앙도서관

통영도서관

목포공공도서관
목포어린이도서관

남해도서관
장흥공공도서관

2011년

10월의 하늘을 열며

삶은 예기치 않은 순간에 송두리째 바뀝니다. 무심코 집어든 한 권의 책에서, 누군가의 진심 어린 한마디에서, 영화 속 한 장면에서 우리는 영혼의 뒤통수를 얻어맞곤 하죠. 그것은 한순간 우리 삶을 뒤흔들고, 현실과 꿈을 단번에 매혹하며, 일상이 지향할 지표가 됩니다. 인생은 '성실한 정진의 마라톤'이 아니라 '예기치 않은 우연이 빚어낸 흥미진진한 항해'입니다.

과학자 한마디에 목마른 청소년들

과학자의 삶도 예외는 아닙니다. 그들과 얘기해보면 종종 자신이 과학의 매력에 빠진 순간을 기억합니다. 수학 선생님의 격려 한마디가 우주의 기원을 탐구하려는 무모한 용기를 갖게 했고, 우연히 듣게 된 과학자의 강연에서 생명의 매력에 빠졌다고 고백합니다. 민감한 사춘기 시절, 누군가의 한마디로 우주와 자연과 생명의 경이로움에 매혹된 청소년들은 그날부터 과학자를 꿈꿉니다. 우주를 탐구하고 생명의 기원을 실증적으로 고민하는 과학자의 삶이 고귀하다는 걸 깨닫는 순간, 세상이 뭐라 해도 과학자의 꿈을 놓지 않습니다.

하지만 안타깝게도 시골이나 작은 도시에 사는 청소년들은 과학자를 만날 기회가 좀처럼 없습니다. 서울 같은 대도시에선 과학자의 대중강연이 종종 벌어지는데, 시골 청소년들에게 과학자는 소녀시대 또는 빅뱅만큼이나 딴 세상 사람들입니다.

몇 년간 과학자, 과학저술가들과 인구 20만 명 이하 작은 도시의 시립도서관에서 강연 시리즈를 진행했습니다. '도서관에서 만나는 과학자'라 이름 붙인 이 행사는 아태이론물리센터[APCTP]와 과학창의재단의 지원으로 과학자 강연을 통해 자연의 경이로움을 도시 밖 청소년에게 전하려는 취지였습니다. 학생들의 반응은 뜨거웠습니다. 과학자를 보기 위해 읍내에서 1시간 30분이나 차를 타고 온 학생부터 과학자를 처음 본다며 만지려는 장난꾸러기까지, 그들을 만나고 과학자들은 가슴이 뜨거워졌습니다. 도서관에서 만나는 과학자 시리즈를 신청한 시립도서관이 많지만 강연을 다 할 수 없는 안타까운 마음에 트위터에 작은 메시지를 올렸습니다.

"혹시 작은 도시에 강연 기부해주실 과학자 없으신가요?"

강연 기부라면 돈 없이도 행사를 치를 수 있으니 5, 6명이라도 참여해줄 과학자가 있다면 좀 더 많은 도서관에서 강연을 할 수 있으리라는 소박한 마음에서였습니다. 그런데 웬걸, 놀라운 일이 벌어졌습니다. 불과 8시간 만에 연구원, 교수, 의사, 교사 등 100여 명이 기꺼이 강연 기부를 하겠다며 신청했고, 허드렛일이라도 돕겠다는 분이 100여 명, 책이나 돈을 후원하고 싶다는 분도 100여 명에 이른 것입니다. 하루 종일 트위터 타임라인을 훈훈하게 달구는 재능기부 열풍 속에서 그날 우리는 '아름다운 기적'을 목격했습니다.

도서관에서 과학자를 만나다

덕분에 단군 이래 한반도에서 처음 벌어지는 행사가 2010년 10월 30일 거행되었습니다. 과학자 70여 명이 전국 30여 개 작은 도시 도서관에서 일제히 강연 기부 행사를 연 것입니다. 행사 취지에 공감한 음악인들은 홍보 노래를 만들어주었고 공연 기부를 했으며, 일러스트레이터는 포스터와 홍보 일러스드를 만들어주었습니다. 밤새 만들었지만 어느 때보다 즐거웠다는 것이 그들의 전언. 많은 사람들이 자신의 지식을 기꺼이 기부하고 싶었는데 그동안 제대로 된 기회가 없었던 것이었습니다.

2011년에는 한국도서관협회와 공동주최하여 전국 43개 도서관에서 과학자 100여 명이 강연을 펼쳤습니다. 강원 춘천 담작은도서관, 전남 목포 목포공공도서관, 경기 남양주 별내도서관 등에서 약 5,000명의 초등학생과 중학생이 과학자와 만났습니다.

시각, 청각 장애인을 위한 특별한 강연도 처음 시도됐습니다. 다양한 과학 교육 체험 기회를 얻지 못하는 학생을 위해서였죠. 이명현 전 연세대학교 연구원과 조남준 만화가는 강원도 춘천 담작은도서관에서 맹인 학생 대상 점자 천문학 강연을 열었습니다. 이 연구원과 조 만화가는 이 강연을 위해 점자책을 따로 제작했죠. 이정모 서대문자연사박물관장과 문제혁 산업보건협회 의사, 변강석 한국재활복지대 수화통역과 교수는 충북 청주 기적의도서관에서 농인 학생을 대상으로 생물과 물리, 수화 강연을 열었습니다. 이 강연에는 세 명의 수화 통역사가 재능기부로 참여했습니다. 가수 겸 작곡가인 정원영 교수와 슈퍼스타 K의 이정아 씨 등 음악가들의 공연도 이어졌습니다. 소설가, 과학저술가, 기업인 등 과학의 저변을 넓히는 재능기부도 있었습니다. 이들은 과학의 저변을 넓히는 독특한 강연을 펼쳤습니다. 이 책에는 그 소중했던 강연을 고스란히 담았습니다. 지면상 더 많은 강연을 싣지 못한 점이 아쉽습니다.

더 나은 세상을 위한 과학 행사

'10월의 하늘'은 '프로보노 운동'의 일환입니다. '공익을 위하여'라는 뜻의 라틴어 '프로 보노 푸블리코Pro Bono Publico'에서 유래한 이 운동은 미국 법조계에서 변호사를 선임할 경제적 여유가 없는 사회적 약자에게 변호사들이 무료 법률서비스를 제공한 데서 시작해, 다양한 분야의 사람들이 자신의 전문지식과 재능을 기부하는 활동입니다. 우리나라에서도 많은 전문가가 조용히 프로보노 정신을 실천하고 있는데, 이 행사는 '프로보노 활동의 과학자 버전'이라고나 할까요.

'의미 있는 아이디어를 널리 퍼뜨리자'는 취지에서 시작된 미국의 테드TED 강연에 비하면, '10월의 하늘'은 한없이 초라합니다. 세계적인 석학이 하는 강연이 아닌, 지방으로 내려가 기꺼이 과학강연을 기부하겠다고 자원한 분들이라면 누구나 할 수 있고, 근사한 강연장이 아니라 100석 정도 되는 작은 도서관에서 벌어지며, 듣는 청중도 수만 달러씩 내고 듣는 테드와는 달리 그 지역 초중고등학생들이 대부분입니다. '지역별 테드 운영자'처럼 근사한 직함을 이력서에 쓸 수 있는 것도 아니어서 '10월의 하늘' 운영자들은 모두 순수한 노력 기부자들입니다. 언제든지 참여할 수 있고, 조직활동을 강제하지도 않는, 그래서 '기억으로 가입되고 망각으로 탈퇴되는' 느슨한 조직이며 가난한 조직입니다.

그럼에도 '10월의 하늘'이 계속될 수 있었던 것은 작년의 감동을 잊지 못한 재능기부자들의 열정 덕분이었습니다. 먼 거리를 버스 타고 온 학생들의 눈망울을, 40분 강연을 위해 사흘을 준비하고 하루 종일 차를 달려 강연해준 강연자의 땀을, 한 번도 과학강연 행사를 해본 적이 없는 도서관 사서의 친절한 배려를 잊지 못하고 올해를 기다려온 분들 덕택입니다. 이들은 1년 중 364일은 자신의 재능에 대한 대가를 세상에 정당히 청구하지만, 10월의 마지막 토요일 하루만은 더 나은 세상을 위해 내 재능을 기꺼이 나누고 기부합니다.

　2012년 10월의 마지막 토요일에도 한반도에선 단군 이래 가장 거대한 과학 강연이 전국 도서관에서 펼쳐집니다. 그날을 준비하는 우리들의 마음은 일 년 내내 10월의 하늘입니다.

　영화 〈옥토버 스카이October Sky〉의 탄광촌 소년 호머가 인공위성에 관한 뉴스를 보고 로켓과학자의 꿈을 키워 마침내 미 항공우주국NASA의 로켓과학자가 된 것처럼 매년 10월의 마지막 토요일, 한반도에도 그런 일이 벌어진다면 얼마나 좋을까요. 청소년들이 책으로 가득 찬 도서관에서 과학자를 만나 자연의 경이로움을 만끽하고 과학자의 삶을 꿈꾸게 된다면 얼마나 근사할까요!

　'10월의 하늘'을 시작으로 과학자뿐 아니라 누구라도 단 하루만 자신의 재능을 더 나은 세상을 위해 기부하는 일이 벌어진다면 우리 맘속의 가을 하늘은 더없이 맑을 것입니다.

　끝으로 이 행사를 무사히 치를 수 있도록 도와주신 모든 분들께 진심으로 감사드립니다. 강연을 해주신 강연 기부자들, 행사가 잘 진행될 수 있도록 이끌어준 준비모임 위원들, 당일 도서관에서 애써준 진행 기부자들과 매우 협조적으로 행사를 주최해준 도서관 관계자분들, 아이들에게 책을 후원해주신 후원자분들, 그리고 도서관을 선정하고 궂은일들을 도맡아준 공동주최인 한국도서관협회, 이 모든 분들께 진심으로 감사드립니다. 여러분들이 10월의 맑고 투명한 하늘을 만들어주셨습니다.

10월의 하늘 준비모임 대표
정재승

목차

머리말 | 10월의 하늘을 열며 ……………………………………… 008

두근두근 상상하기 : 과학자들의 상상연구소

김민식 | SF로 드라마도 만드나요? ……………………………… 017
정재승 | 생각으로 움직이는 로봇을 세상에! ………………… 027
박연준 | 나의 창의력 사용법 ……………………………………… 045

와글와글 읽고 쓰기 : 과학자들의 서재

이은희 | 우리에게 과학이란 뭘까? ………………………………… 059
김기상 | 논리를 알면 나도 과학자 ……………………………… 073
김지연 | 과학 글 읽기, 과학 글쓰기 ………………………… 091

콩닥콩닥 만나기 : 과학자들의 카페

김탁환 | 소설가, 미래를 쓰기 위해 과학을 만나다 ……………… 105
서랍바람 | 고대 그리스의 자연철학자들 ……………………… 115
이원혜 | 마음, 그 신비함에 대하여 …………………………… 129

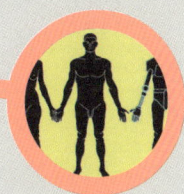

살금살금 다가가 만져보기 : 과학 해부실험실

윤신영 | 릴라의 외할머니를 찾아서 ·············· 145

송현욱 | 나의 작은 친구, 기생충 ·············· 165

이지민 | 생명현상을 조절하는 마술, 화학 ·············· 177

폴짝폴짝 뛰어오르기 : 과학 야외실습실

김택진 | 야구장에서 과학하기 ·············· 189

윤송이 | 야구 하는 뇌 ·············· 203

황지은 | 길 위의 박물관, 모바일 증강현실 ·············· 215

이동원 | 깨끗하고 안전한 지구를 위한 에너지 기술 ·············· 227

10월의 하늘은 어떻게 이루어졌을까? ·············· 240

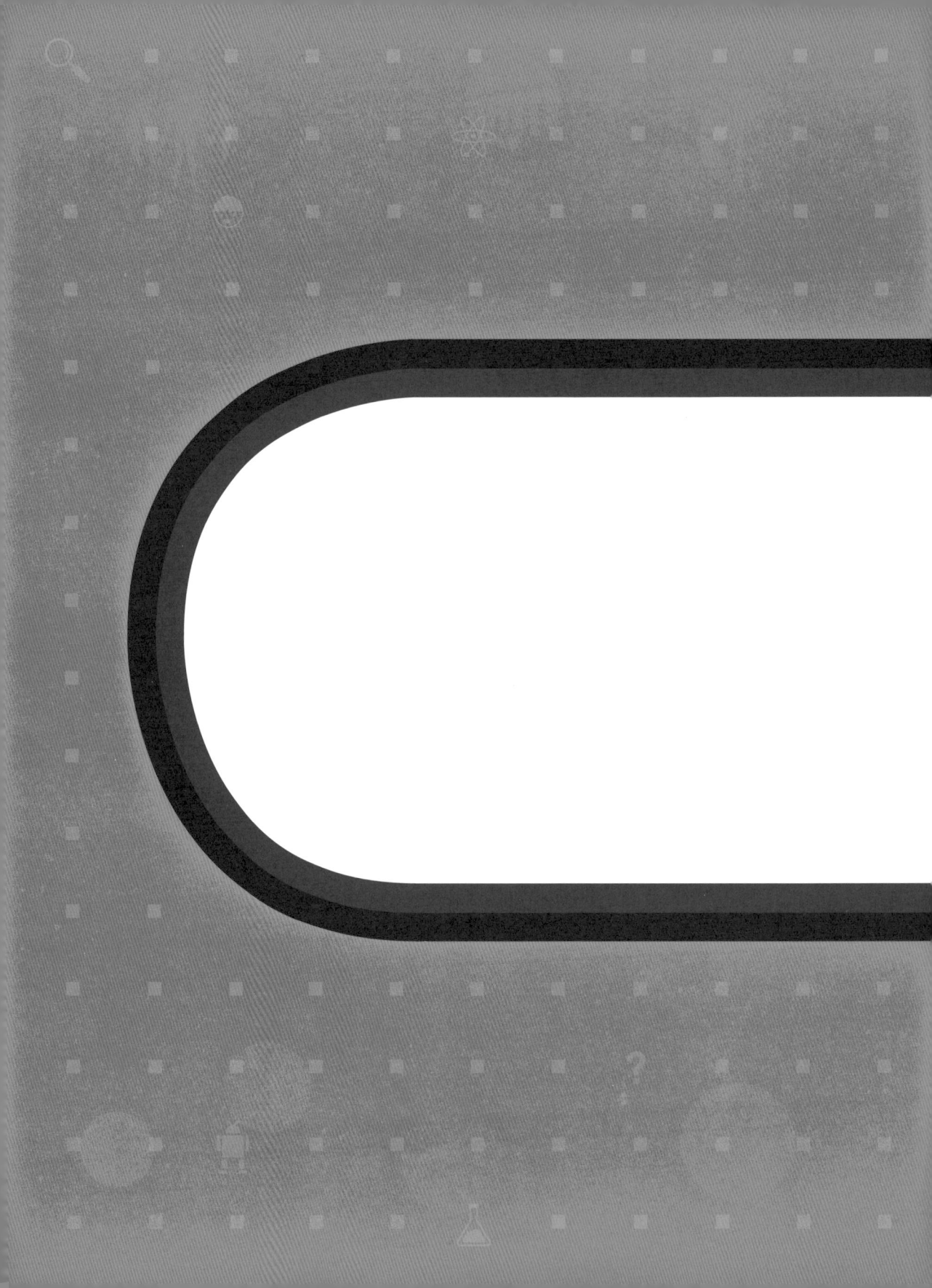

두근두근 상상하기

| 과학자들의 상상연구소 |

이야기꾼이 가져야 할 자세는
'무엇이든 가능하다고 믿는 것'입니다.
이러한 믿음에서 모든 재미난 이야기는 시작되니까요.
여러분도 믿으시기 바랍니다.
'이것은 재미있는 이야기다!'
'나는 세상 사람들에게 재미난 이야기를 들려줄 수 있다!'라고요.

SF로
드라마도 만드나요?

| 김민식 |

■   안녕하세요. 저는 MBC에서 드라마를 만들고 있는 PD입니다. 〈내조의 여왕〉 등의 작품을 연출했죠. 제가 만든 드라마 말고도 세상에는 재미난 드라마가 참 많습니다. 이 재미있는 드라마, 어떻게 만들어질까요? 저는 재미있는 이야기를 만드는 방법에 대해 여러분께 말씀드리려고 합니다.

재미난 이야기를 만드는 데 있어 그 첫걸음은 '상상'입니다. '만약에 ~라면.' 이 하나의 상상에서 모든 드라마는 시작합니다.

상상이 더해지면!

많은 사람들의 사랑을 받은 KBS 퓨전 사극, 〈공주의 남자〉를 기억하시나요? 〈공주의 남자〉는 우리 역사에서 가장 비극적인 사건에서 이야기를 시작합니다. 『조선왕조실록』에 나오는 최대 비극, 바로 숙부인 세조

■ **세조와 단종**

수양대군으로 잘 알려진 조선 7대 임금 세조는 어린 조카인 단종의 왕위를 빼앗고 유배를 보내 사약을 내렸다. 사육신과 생육신 등의 단종 복위 운동은 실패로 돌아갔고 수많은 신하들이 목숨을 잃었다.

가 조카인 단종의 왕위를 찬탈하고 단종의 목숨을 빼앗는 장면이죠. 세조와 단종의 이야기■는 많은 사람들이 역사책에서 읽고 배운 이야기로 모두에게 친근한 소재입니다. 이 친근한 소재를 드라마로 옮기기 위해 작가는 하나의 상상을 더합니다.

'만약 왕위를 찬탈하려는 수양대군에게 딸이 있고, 단종을 보위하려는 김종서 장군에게 아들이 있었는데, 이 둘이 서로 사랑하는 사이라면?'

이 하나의 상상에서 시작한 이야기가 한국판 〈로미오와 줄리엣〉, 〈공주의 남자〉가 됩니다.

셰익스피어의 4대 비극 중 하나인 〈로미오와 줄리엣〉은 많은 사람들이 잘 아는 이야기지요. 그리고 다양한 방식으로 재창조되었습니다. 레오나르도 디카프리오 주연의 영화 〈로미오와 줄리엣〉 또한 하나의 상상이 더해진 작품입니다. 바즈 루어만 감독은 현대판 〈로미오와 줄리엣〉을 만들며 영화 속 두 주인공을 라이벌 갱단의 아들딸로 만들었습니다. 그리고 로미오는 칼이 아닌 권총으로 결투를 벌이지요.

이렇듯 세상의 모든 재미난 이야기는 익숙한 이야기 90%에 새로운 상상 10%를 더해 만듭니다. 너무 익숙하면 진부해지고, 너무 새로우면 낯선 드라마가 됩니다. 결국 익숙함과 새로움을 어떻게 배분하고 어떻게 조화를 이룰 것인가, 이것이 좋은 이야기를 만드는 최대 관건입니다.

인류가 이제껏 만들어온 문화 상품 중 궁극의 상상력이 집약된 장르가 바로 SF, 과학 소설입니다. SF에서 불가능이란 없습니다. 먼 미래에서 타임머신을 타고 현재로 올 수도 있고, 먼 외계에서 비행접시를 타고 지구로 올 수도 있고, 인간과 똑같은 로봇을 만들어 사랑의 감정을 느끼게 할 수도 있고, 초능력이 생겨 어느 날 갑자기 하늘을 날 수도 있습니다. 인간이 상상할 수 있는 모든 것이 다 이루어지는 곳이 SF의 세계죠.

우리나라에서 시청자들의 큰 사랑을 받았던 재미난 드라마들도 SF적인 상상력을 사용했습니다.

나는 네 심장이 지난 여름에 한 일을 알고 있다

MBC 드라마 〈최고의 사랑〉을 살펴보죠. 〈최고의 사랑〉은 전형적인 로맨틱 코미디입니다.

로맨틱 코미디와 멜로드라마를 어떻게 구분하는지 아시나요? 남녀 주인공이 처음에는 서로 무척 미워합니다. 만날 때마다 싸워요. 그러다 갈수록 정이 듭니다. 남들이 보면, 끔찍하게 서로 사랑하는데 둘은 절대 자신의 감정을 인정하지 않죠. 그러다 마지막에 서로에 대한 사랑을 확인하는 것, 그게 로맨틱 코미디입니다.

멜로드라마는 반대로 처음부터 남녀 주인공이 서로를 끔찍하게 사랑합니다. 하지만 현실에서는 둘 사이의 장벽이 너무 커서 그 사랑을 이루기 어렵죠. 환경의 차이건, 집안의 반대건, 혈연의 비밀이건, 둘은 사랑하는데 주위에서 그들의 사랑을 인정하지 않습니다. 그래서 끝으로 갈수록 비극으로 치닫는 사랑, 그게 멜로드라마입니다.

그런 점에서 〈최고의 사랑〉은 전형적인 로맨틱 코미디라고 할 수 있습니다. 남자 주인공은 최고의 인기 배우 독고진. 여주인공은 비호감 연예인 1위 구애정입니다. 이 둘 사이에서 로맨스는 불가능해 보입니다. 만나면 티격태격 늘 싸우기만 하죠. 그런데 독고진은 심장이 좋지 않았습니다.

심장 수술을 받은 적이 있는데 수술을 받을 당시 담당 의사는 구애정의 노래를 듣고 있었습니다. 수술은 성공적으로 끝났지만 부작용이 생깁니다. 구애정의 노래만 들으면 독고진의 심장이 미칠 듯이 뛰는 거죠. 이렇게 전혀 사랑이 싹틀 수 없는 둘 사이에 작가는 하나의 상상을 더해 사랑을 가능하게 만듭니다.

'심장이 그때의 기억을 간직하고 특정한 노래만 나오면 두근거리기 시작한다면? 그 노래의 주인공인 구애정을 볼 때마다 두근거리는 가슴을 독고진이 사랑으로 오해한다면?'

〈최고의 사랑〉은 장기에 보존된 기억, 셀룰러 메모리Cellular Memory ■ 라는 소재를 사용했습니다. 주로 공포 영화나 SF에 자주 등장하는 소재입니다.

폴 버호벤 감독의 〈로보캅〉이라는 영화도 셀룰러 메모리가 소재입니다. 죽은 경관의 몸에 로봇을 이식했는데, 죽은 경관의 기억이 살아나 로봇이 자신을 인간으로 인식하기 시작한다는 이야기죠. SF 영화에나 나올 법한 설정인 셀룰러 메모리는 로맨틱 코미디에 새로움을 불어넣는 최고의 소재였습니다.

상상력의 세계로 들어갑니다, 레드썬!

최근 중국에서 한국 드라마를 리메이크해 소위 '대박'을 터뜨린 사례가 있습니다. 바로 〈아내의 유혹〉이죠. 한국에서는 막장 드라마라는 지적도 있었지만, 해외에서는 중독성 강한 한국 드라마의 특성을 잘 보여준 사례로 평가받고 있습니다.

극 중에서 장서희는 자신을 배신한 남편에게 복수하기 위해, 얼굴에 점 하나 찍고 돌아옵니다. 그리고 전혀 다른 사람인 척 남편에게 접근하죠. 아무도 그녀의 정체를 모릅니다. '낯선 여자에게서 아내의 향기가 난다', '처음 보는 여자인데 누구지? 그 여자랑 참 많이 닮았네?'라고 생각할 뿐입니다.

제가 보기에 얼굴에 점 하나 찍고 나타나 배신한 상대에게 복수한다는 것은 거의 SF적인 상상력에 가깝다고 생각합니다. 하지만 현실성은 떨어져도 이런 설정 하나로 드라마는 무척 재미있어집니다. '바람피운 남편을 다시 유혹해서 복수한다'. 주부들에게는 정말 매력적인 설정이니까요. 이 드라마의 주인공 구은애가 사람들에게 '나는 당신이 아는 그 여자가 아니야'라고 최면을 거는 것을 보았습니다. 그 대목에서 저는 SF 영화의 고전, 〈스타워즈〉에 나오는 제다이들의 마인드 트릭(최면술)을 떠올렸습니다. 이 영화에서 제다이들은 최면술로 상대를 제압하죠.

여러분은 마인드 트릭이 과학 영화에나 나올 법한 일이라고 생각하나요? 하지만 마인드 트릭의 고수는 주변에서 쉽게 찾아볼 수 있습니다. 바로 저와 같은 드라마 피디들도 마인드 트릭의 달인이라고 할 수 있죠. 드라마 피디는 항상 대중에게 최면을 겁니다. 어떻게 거냐고요?

〈내 이름은 김삼순〉이라는 드라마를 보죠. 드라마 주인공 김선아라는 배우는 극 중에서 뚱뚱하고 매력 없는 노처녀로 나옵니다.(중요한 것은 실제로는 굉장히 미인이라는 겁니다!) 그에 반해 남자주인공으로 출연한 현빈은 부잣집 아들에 외모도 멋진, 백마 탄 왕자님처럼 그려지죠. 시청자들은 김삼순의 사랑이 이루어지길 응원했습니다. '노처녀 김삼순이 어서 멋진 남자와 연인이 되었으면!' 하고요.

〈꽃보다 남자〉의 금잔디도 그러한 존재입니다. 학교에서는 늘 구박대기에 촌스럽고, 밟아도 밟아도 죽지 않는 잡초처럼 억센 여고생입니다. '에이, 얼굴도 못생긴 게.' '촌스런 여자애가 어딜!' 하지만 꽃미남 4인방의 대장 구준표의 사랑을 독차지하죠. 시청자들은 금잔디가 구준표의 사랑을 얻는 걸 보고 '그래, 저렇게 못생긴 구혜선도 이민호의 사랑을 얻을 수 있다면, 내게도 아직 희망이 있어!' 하고 스스로를 위로합니다. 하지만 실제로 금잔디로 분한 구혜선은 인터넷 얼짱 출신으로 가녀린 체구와 환한 미소가 어여쁜 배우죠!

이렇게 예쁘고 매력적인 여배우를 데려다 '이 여주인공은 예쁜 여자가 아니야. 뚱뚱한 노처녀야. 촌스러운 여자애야'라고 대중들에게 최면을 거는 사람, 그럼에도 불구하고 연인이 되는 남녀 주인공의 이야기를 통해 시청자로 하여금 달콤한 상상을 할 수 있도록 도와주는 사람. 바로 드라마 피디들입니다. 마인드 트릭, 참 쉽죠?

여론을 조작하기란 이렇게 쉽기 때문에 TV, 신문, 잡지 등 대중매체에서 일하는 사람들은 참된 언론의 역할을 절실히 깨닫고 싶니다.

복제인간과 슈퍼 히어로

자, 이번에는 〈추노〉라는 드라마를 살펴볼까요? 〈추노〉는 조선시대를 배경으로 합니다. 조선시대 노비들은 사람 대접을 못 받았죠. 일꾼, 즉 경제활동을 가능하게 하는 도구에 불과했습니다. 그들이 도망가면 주인에게는 재산상의 손실이 될 뿐입니다. 그래서 도망친 노비를 쫓는 이들은 마치 빚을 받으러 찾아다니는 추심 집행인처럼 노비의 뒤를 쫓습니다. 드라마를 보다 보면, 사람 대접 못 받는 노비들이 더 인간적이고, 노비를 사람 취급하지 않는 양반들이 오히려 비인간적으로 보입니다.

비슷한 주제의 SF 영화가 있습니다. 바로 〈블레이드 러너〉입니다.

2019년 LA. 지구 환경파괴와 인구증가로 우주 식민지를 개척한 지구인은 인간의 지능과 감정을 지닌 사이보그를 우주로 보냅니다. 우주에서 반란을 일으킨 사이보그는 지구 출입이 금지되는데 어느 날 몇 명의 사이보그가 탈출하여 지구로 유입됩니다. 인간과 구별이 불가능한 이들은 인간 행세를 하며 지구에서 살아가려 하지만 지구인은 경찰을 동원해 이들을 잡아들이기 위해 출동합니다. 영화를 보다 보면 사이보그들이 더 인간적이고, 사이보그를 쫓는 인간이 더 기계적으로 보이죠. 저는 〈추노〉의 상상력은 SF의 고전 〈블레이드 러너〉와 이렇게 맞닿아 있다고 생각합니다.

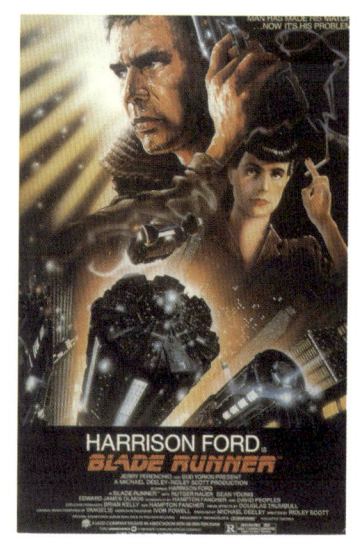

  한류 드라마, 세계 시장에서 각광받는 한국 드라마 중 가장 사랑받는 작품이 뭔지 아시나요? MBC 사극 〈대장금〉입니다. 저는 〈대장금〉을 SF로 분류하자면 슈퍼 히어로물이라고 생각합니다.

  슈퍼 히어로물이란 평범한 한 사람이 어느 날 자신에게 남다른 능력이 있다는 것을 발견하고, 그 능력을 개발하여 세상을 구하는 영웅이 되는 이야기죠. 〈대장금〉은 절대미각을 가진 한 여자가 자신의 능력을 극대화시켜, 사랑을 구하고 왕을 구하고 나라를 구하는, 전형적인 슈퍼 히어로의 성장담이라고 할 수 있습니다.

  〈대장금〉 말고 다른 사극도 살펴봅시다. 〈주몽〉이나 〈선덕여왕〉의 공통점은? 두 드라마의 주인공이 특정 아이템(신궁, 천서 등)을 찾아 길을 나선다는 것입니다. 여행 도중에 친구들을 만나는데 하나하나 살펴보면 평범한 친구들이지만, 이들의 능력이 서로 더해지면서 막강한 힘을 발휘합니다. MBC 사극의 테마는 바로 절대반지를 찾아 여러 종족들이 모험을 펼치는 영화 〈반지의 제왕〉과도 같습니다.

상상력이 이야기를 만날 때

드라마에서는 왜 SF 같은 상상력을 동원해서 이야기를 어렵게 비틀어 놓을까요? 그냥 남녀 주인공이 만나 사랑만 해도 될 텐데. 왜 드라마는 만났다 하면 삼각관계고, 만났다 하면 이복남매고, 만났다 하면 불륜인 걸까요?

드라마를 만드는 것은, 저글링을 하는 것과 같습니다. 남녀 주인공 두 사람의 사랑 이야기만으로 드라마를 끌고 가는 것은 공 두 개짜리 저글링이죠. 이야기가 단조롭습니다. 던졌다 받았다 하는 공이 세 개는 되어야 볼 맛이 납니다. 물론 공 세 개를 들고 계속 돌리면 사람들은 그것도 금방 싫증 냅니다. 여기에 칼이 하나 날아 들어오고 불타는 횃불도 함께 저글링 해야 사람들이 신기해하며 구경합니다. 드라마에 나오는 흔한 삼각관계처럼 말입니다.

횃불이나 칼이 바로 극 중의 자극적인 설정입니다. 얼굴에 점 하나 찍고 돌아온다든가, 알고 보니 두 사람은 이복 남매더라는 극적인 설정.

'말도 안 돼, 설마 들키는 건 아니겠지?' '뭐야, 출생의 비밀이 드디어 밝혀지는 거야?'

이렇게 보는 이들이 가슴을 졸이며 지켜봐야 이야기가 재밌습니다.

결국 재미난 드라마를 만드는 것은 사람들이 손에 땀을 쥐고 지켜보는 저글링과 같습니다. 너무 쉬우면 재미없고, 언뜻 보면 불가능해 보이는 이야기지만, 리얼리티와 디테일을 살려 마치 현실 가능한 이야기처럼 만들어가는 것이 좋은 이야기꾼의 자질이죠. 새로운 이야기를 만들고 싶은 사람은 과학 소설을 읽으며 상상력을 키워야 합니다.

제가 드라마 PD가 된 결정적 계기는, 어린 시절에 본 UFO 때문이었습니다. 전 아직도 그날 제가 본 것이 먼 우주에서 온 비행선인지, 먼 미래에서 날아온 타임머신인지 모르겠습니다. 다만 그 정체를 알 수 없으니 미확인 비행 물체, UFO라고 부르는 거지요.

UFO를 본 후, 저는 책을 읽는 것이 무척 재밌어졌습니다. 우주전쟁이든, 타임머신이든, 뭐든 다 가능할 것 같았거든요. 머릿속에서 상상의 세계가 생생하게 그려졌죠. UFO도 있는데, 뭔들 불가능하겠습니까?

결국 이야기꾼이 가져야 할 자세는 '무엇이든 가능하다고 믿는 것'입니다. 점 하나 찍고 나타나도 아내를 몰라 볼 수 있고, 절대 미각 하나로도 나라를 구할 수 있고, 최고 인기남이 비호감 연예인과 사랑에 빠질 수도 있다! 이러한 믿음에서 모든 재미난 이야기는 시작되니까요.

여러분도 믿으시기 바랍니다. '이것은 재미있는 이야기다!', '나는 세상 사람들에게 재미난 이야기를 들려줄 수 있다!'라고요. 세상 모든 재미난 이야기들은 그 하나의 믿음에서 싹을 틔웠습니다.

언젠가 여러분이 직접 만든 재미난 이야기를 볼 수 있기를 기대하겠습니다.

김민식 | 시트콤 마니아이자 연출가. 드라마 애청자인 동시에 PD로 일하고 있다. SF 애호가이자 번역가이기도 하다. 직업의 경계를 넘나들며 재미있는 것을 만드는, 재미있는 삶을 꿈꾸는 사람. 쓴 책으로는 《공짜로 즐기는 세상》(출간 예정)이 있다.

인간이 생각하는 것을 그대로 받아들이는 로봇,
인간의 마음을 잘 헤아리는 기계장치를 만들려면
인간의 마음도 잘 알아야 하고,
이를 적용할 수 있는 로봇 기술도 잘 알아야 하죠.
이 분야에 대한 이해가 깊은 사람만이
더 나은 세상을 만들 수 있습니다.

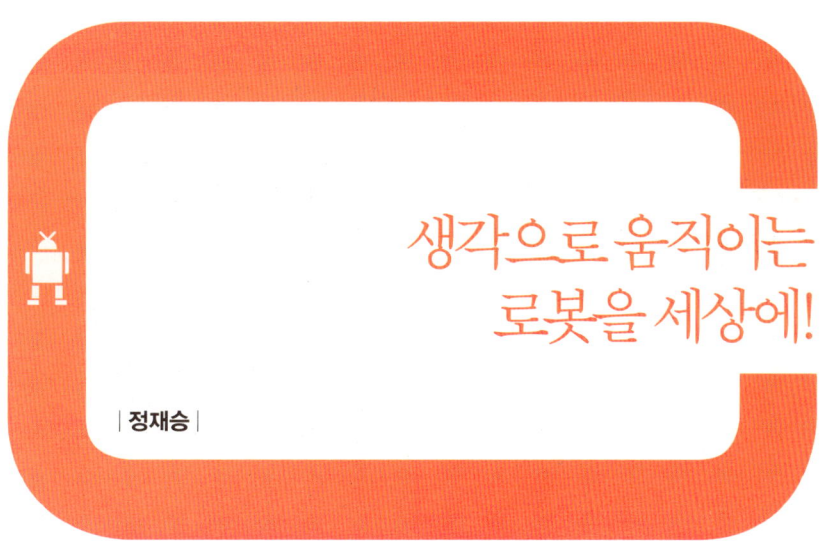

생각으로 움직이는
로봇을 세상에!

| 정재승 |

■　'도서관에서 과학을 만나다'라는 취지로 과학자들이 모인 강연 기부 '10월의 하늘'을 꼭 해봐야겠다고 생각하게 만든 동영상이 하나 있습니다. 유튜브www.youtube.com에서 'Fun theory'라는 단어를 검색해보면 여러분들도 쉽게 찾을 수 있는 동영상입니다.

'Fun Theory : Piano stairs'라는 제목의 이 동영상은 사람들이 계단과 에스컬레이터를 오르내리는 것으로 시작합니다. 계단과 에스컬레이터가 함께 있으면 사람들은 으레 에스컬레이터를 이용하죠. 계단을 이용하면 몸에도 좋고 에너지 절약에도 도움이 되는데 말이죠. '어떻게 하면 사람들이 에스컬레이터 대신 계단을 더 많이 이용하게 만들까' 하는 데에서 이 이야기는 시작됩니다.

몇몇 젊은이들이 아이디어를 내놓습니다. 바로 계단을 피아노 건반처럼 만들어놓아 계단을 밟으면 피아노 소리가 나도록 한 것입니다. 그러

Fun can obviously change behaviour for the better.

면 피아노 건반 같은 계단이 신기하고 재미있어서 에스컬레이터 대신 계단으로 오르내린다는 거지요. 실제로 사람들은 피아노 건반 계단에 흥미를 보이며 한 발로 콩콩 뛰거나 두 계단을 한 번에 오르기도 하고 오르락내리락 소리를 만들며 걸어 올라가기 시작했습니다. 그 결과 피아노 계단을 설치하기 전보다 무려 66%나 더 많은 사람들이 계단을 이용하게 됐다고 합니다. 이 동영상은 '재미가 더 나은 세상을 만든다'는 메시지로 마무리됩니다.

이 동영상은 제게 매우 새로운 느낌으로 다가왔습니다. '세상을 위해 어떤 좋은 일을 해볼까', 혹은 '부자가 되어서 돈을 많이 번 다음에 어려운 사람들을 위해 기부를 해야지'라는 생각만 했었는데 '돈이 아닌 기발한 아이디어로 더 나은 세상을 만들 수 있겠구나'라는 사고의 전환이 일어나게 된 것이죠.

위 동영상처럼 계단을 오르내리게 하는 것을 조금만 더 즐겁게 만들어 놓으면 '건강을 위해 계단으로 올라가세요, 지구를 위해 에스컬레이터 이용을 줄입시다'라고 얘기하지 않아도 사람들은 알아서 자연스럽게 계단을 이용합니다. 좋은 아이디어로, 아주 작은 아이디어이지만 그 뜻에 동참하고자 하는 사람들이 모여서 좀 더 나은 세상을 만들어갔으면 좋겠다고 생각했고 그런 마음으로 세상에 탄생한 것이 바로 '10월의 하늘'입니다.

저의 바람은 '10월의 하늘'을 통해 더 많은 학생들이 '나도 커서 과학자가 되어 이 자리에서, 이 도서관에서 과학을 꿈꾸는 학생들에게 강연을 해주는 사람이 되었으면 좋겠다'라고 마음먹어주었으면 하는 것입니다. 좋은 아이디어는 더 넓은 세상으로 다음 세대에도 쉽게 전달된다고 저는 믿습니다.

마음을 읽어내는 기술

저는 뇌를 연구하는 물리학자입니다. 아주 복잡한, 인간이 우주에서 발견한 가장 복잡한 생명기관이 바로 뇌인데, 이 뇌의 기능을 명쾌하게 설명해주는 '뉴턴의 법칙' 혹은 '맥스웰의 법칙' 같은 것이 있다고 믿고 그것을 찾아내는 사람이 바로 신경물리학자입니다. 그중에서도 저는 '선택을 하는 동안 뇌에서 어떤 일이 벌어지는가'를 연구합니다. 다시 말해 의사결정이 제 연구 주제입니다.

여기 원숭이가 한 마리 있습니다. 이 원숭이는 이틀 정도 굶은 배고픈 원숭이입니다. 이 원숭이에게 바나나를 줍니다. 원숭이는 손을 내밀어 바나나를 잡으려 하겠죠? 그런데 이 원숭이는 팔이 묶여 있습니다. 원숭이는 바나나가 먹고 싶어서 손을 내밀려고 하지만, 팔이 묶여 있으니 머릿속으로 잡는 생각만 할 뿐입니다. 이때 과학자들은 원숭이의 뇌에 전극을 꽂고 신경세포의 활동을 측정합니다. 이것을 분석해서 옆에 있는 로봇 팔에 그 신호분석의 결과값을 보냅니다. 그러면 원숭이의 생각대로 로봇 팔이 원숭이의 손대신 바나나를 잡아 원숭이 입에 넣어줍니다. 영화 같은 이야기죠?

원숭이에게 바나나를 보여주고 생각을 읽어서 그 생각대로 로봇 팔이 움직이는 것. 이것은 100% 전적으로 원숭이의 생각대로만 움직이는 것입니다. 원숭이의 생각을 알기 위해 원숭이의 뇌에 전극 두 개를 꽂아 원숭이의 뇌세포 활동을 측정함으로써 '아, 세포가 이렇게 활동하면 원숭이가 팔을 뻗고 싶은 거구나, 오므리고 싶은 거구나' 하는 것을 읽어내는 것이죠. 이것이 바로 마음을 읽어내는 기술이라고 보면 됩니다.

이 연구는 1990년대 초에 시작되었습니다. 사람들은 이 연구를 왜 시작했을까요? 또 이 연구는 어디에 활용할 수 있을까요?

😀 몸이 불편한 지체장애인에게 팔을 주려고요.

😀 식물인간이 팔을 움직일 수 있게 하려고요.

사실 식물인간에게는 적용하기 어렵습니다. 식물인간은 뇌가 죽어 있는 상태, 다시 말해 심장은 뛰는데 뇌가 죽어 있기 때문에 생각을 할 수 있는 상황이 아닙니다. 그래서 오히려 뇌는 살아 있는데 척수 손상을 입어 뇌가 몸을 움직이라고 해도 몸을 전혀 움직일 수 없는 사람에게 자신의 뜻대로 움직이는 팔을 선사하려고 이런 연구를 하고 있습니다.

제시 설리반은 전기 기술자였습니다. 그런데 비가 많이 오는 날 어느 회사가 정전이 됐어요. 그 회사의 옥상에 올라가 고치려다 불행하게도 벼락을 맞아 두 팔을 잃었죠. 회사와 시카고에 있는 재활의학연구소는 그를 위해서 팔을 만들어주기로 했습니다. 보통 이렇게 팔이 없는 사람에게는 의수, 그러니까 팔이 있는 것처럼 보이나 실제로 팔의 기능을 할 수 없는 보철 수족을 달아주는데, 설리반은 자신의 생각대로 움직이는 로봇 팔을 달았습니다. 그의 불편함을 덜어주려는 과학자들의 노력을 엿볼 수 있죠.

이 로봇 팔은 생각한 대로 왼쪽, 오른쪽, 위, 아래로 그리고 팔꿈치, 어깨, 손목을 움직입니다. 동력은 파워를 따로 장착해놓습니다. 지금은 이 로봇 팔의 무게가 20㎏입니다. 그래서 이것을 달고 있으면 어깨가 떨어질 듯이 아프죠. 과학자들의 목표는 이 로봇 팔의 무게를 5㎏ 이하로 줄이는 것입니다. 물론 보통 일이 아니죠. 이것은 아마 여러분들이 해줘야 할 일이 될 수도 있습니다.

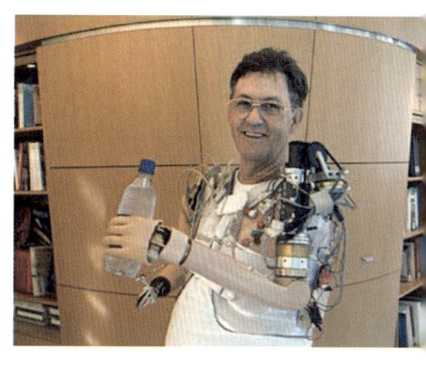

■ 로보틱스
로봇+테크닉스(공학)의 합성어로, 로봇에 관한 기술공학적 연구를 하는 학문. 센서 공학·인공 지능, 마이크로일렉트로닉스 기술의 종합적 학문 분야를 말한다.

그렇다면 과연 어떤 원리로 이런 일들이 가능한 것일까요? 원숭이의 경우, 먹고 싶다는 생각을 할 때의 신경세포 활동을 측정해 컴퓨터로 분석해서 그 결과를 로봇 팔로 보내는 것인데요. 이런 원리가 시작된 것은 10년~12년밖에 안 됐습니다. 아주 단순한 일인 것 같지만 왜 이제야 시작됐는가 하면, 이 연구를 하려면 굉장히 많은 분야의 지식을 알아야 하기 때문입니다. 이 분야는 '뇌-기계 인터페이스' 분야라고 부르는데요, 일단 이 분야를 탐구하려면 뇌에 대한 이해가 깊어야 합니다. 또 뇌로부터 뇌 신경세포 활동을 측정해야 하는데, 그러려면 전자공학적 지식으로 회로를 만들어서 뇌에 칩을 삽입해야 합니다. 그렇게 해서 얻어낸 신호를 분석하려면 수학과 물리학의 지식이 필요하죠. 이것을 계산해서 로봇 팔로 보내려면 컴퓨터 프로그래밍을 잘해야 합니다. 거기서 얻은 결과로 로봇 팔을 만들려면 기계공학이나 로보틱스▪를 잘해야겠죠.

그런데 우리나라에는 물리학, 수학, 컴퓨터공학, 로보틱스, 기계공학, 신경생물학 등 다양한 분야를 알고 있는 사람이 거의 없고 가르치지도 않습니다. 그렇다 보니 이 분야의 연구가 매우 더딘 것이 현실입니다. 사실 20세기 교육을 받은 사람은 이런 연구를 거의 할 수 없었습니다. 최근 들어서야 '융합의 시대', 여러 영역을 넘나드는 사람들이 등장하면서 이러한 연구를 하는 사람들이 늘어나기 시작했죠.

뇌-기계 인터페이스 연구의 시작

이 분야를 최초로 연구했던 사람은 필립 케네디라는, 미국 애틀랜타에 있는 에모리 대학병원 의사입니다. 신경외과 교수이기도 한 그는 승마를 하다 떨어졌거나 교통사고로 척수손상을 입은 환자들이 병실에 누워 있는 걸 보고, 환자와 대화를 하고 싶어 하는 가족들을 위해 '어떻게 하면 환자가 가족과 대화할 수 있을까'를 고민하다가, 아주 기발한 생각을 하게 됩니다. 뇌는 살아 있지만 몸은 전혀 움직일 수 없어서 눈도 깜빡이지 못하는 사람과 어떻게 대화할 수 있었을까요?

필립 케네디 박사가 생각해낸 아이디어는 fMRI라는 기계장치를 통해 뇌 사진을 찍는 것이었습니다. 먼저 환자를 기계장치에 눕히고 "오른손을 드는 생각을 하세요"라고 지시합니다. 그러면 오른손을 들 수는 없지만 오른손을 드는 생각은 할 수 있겠죠. 이때 오른손을 드는 생각과 관련된 뇌 부위가 활성화되는데 그 활동 부위를 찍는 겁니다. 다음에는 왼손을 드는 생각을 하고 그때 활발히 활동하는 뇌 영역을 촬영합니다. 또 "뭔가를 잡으세요"라고 했을 때 활성화되는 뇌 영역을 포착합니다. 그리고 이 영역에 전극을 꽂아 신호를 측정할 수 있도록 합니다.

자, 이제 컴퓨터 앞으로 가보죠. 모니터에 알파벳을 한 줄로 A부터 Z까지 배열해놓은 선형 자판기를 띄우고 그 위에 커서가 깜빡이도록 해놓습니다. 만약 'Hi'를 치고 싶다면 왼손을 드는 생각을 합니다. 그러면 커서가 왼쪽으로 가고, 오른손 드는 생각을 하면 커서가 오른쪽으로 옮겨 갑니다. 원하는 글자 위에 커서가 있을 때 '잡아라'라는 생각을 하면 H 또는 i가 써지는 것이죠. 다시 말해, '오른손 들어', '왼손 들어', '잡아' 이 세 가지 생각만 하면 커서를 왼쪽, 오른쪽으로 마음대로 움직여서 원하는 글씨를 쓸 수 있는 겁니다. 이 실험을 통해 십여 명의 환자들이 가족과 대화를 할 수 있게 되었습니다.

1990년도에 미국에서 이 실험이 등장하면서 큰 화제가 되었는데, 안타깝게도 그 과정에서 한 환자가 사망합니다. 이 실험을 하려면 일주일에 한 시간 정도 훈련을 해야 하는데, 나이도 지긋하고 체력이 약한 환자이다 보니 훈련을 하다 죽게 된 것이죠. 그래서 '환자가 동의하지 않았는데 가족이 동의하고 의사가 허락하는 상황에서 이 실험을 하는 것이 과연 적절한가'라는 윤리적 논란이 일어나면서 지금은 이 실험을 하고 있지 않은 상태입니다.

튜빙겐 대학에는 닐 버바우만 교수가 수술해준 13살짜리 소년 환자가 있었어요. 그 소년은 교통사고를 당해서 전혀 몸을 움직일 수 없이 병실에 누워 있어야만 하는 상황이었는데, 이 수술을 통해 대화를 할 수 있게 되었습니다. 그 소년이 쓴 편지가 바로 오른쪽 사진인데요. 자신에게 칩을 달아준 닐 버바우만 교수에게 보낸 편지입니다.

LIEBER-HERR-BIRBAUMER-

HOFFENTLICH-KOMMEN-SIE-MICH-BESUCHEN,-WENN-DIESER-BRIEF-SIE-ERREICHT-HAT-ICH-DANKE-IHNEN-UND-IHREM-TEAM-UND-BESONDERS-FRAU-KÜBLER-SEHR-HERZLICH,-DENN-SIE-ALLE-HABEN-MICH-ZUM-ABC-SCHÜTZEN-GEMACHT,-DER-OFT-DIE-RICHTIGEN-BUCHSTABEN-TRIFFT.FRAU-KÜBLER-IST-EINE-MOTIVATIONSKÜNSTLERIN.OHNE-SIE-WÄRE-DIESER-BRIEF-NICHT-ZUSTANDE-GEKOMMEN.-ER-MUSS-GEFEIERT-WERDEN.-DAZU-MÖCHTE-ICH-SIE-UND-IHR-TEAM-HERZLICH-EINLADEN.-EINE-GELEGENHEIT-FINDET-SICH-HOFFENTLICH-BALD.

MIT-BESTEN-GRÜSSEN-
IHR-HANS-PETER-SALZMANN

'저에게 이런 멋진 수술을 해주어 다른 사람들과 대화를 할 수 있게 해줘서 감사합니다'라는 편지인데, 이 편지를 위해 생각만으로 글자를 쓰는 데 15분이 걸렸습니다. 어떤 정도의 속도인지 감이 오나요?

다른 예를 한번 살펴봅시다. 여기 쥐가 한 마리 있습니다. 만약 과학자들이 여러분에게 연구비 천만 원을 줄 테니 이 쥐를 움직일 수 있는 리모컨, 즉 왼쪽 버튼을 누르면 왼쪽으로 가고, 오른쪽 버튼을 누르면 오른쪽으로 가게 하는 리모컨을 만들어보라고 한다면 어떻게 하겠습니까? 과연 그런 리모컨을 만들 수 있을까요?

🙂 치즈를 이용해요. 왼쪽 버튼을 누르면 치즈가 왼쪽으로 가고 그걸 따라 쥐도 왼쪽으로 옮겨가요.

굉장히 좋은 생각이에요. 그렇게 해봤어요. 그런데 잘 안 돼요. 왜 그랬을까요? 첫째, 쥐는 치즈를 별로 안 좋아해요. 쥐가 치즈를 좋아한다는 건 사실 우리의 착각이자 오해예요. 실제로 쥐는 치즈가 아닌 다른 것이 있다면 다른 것을 먼저 먹을 거예요. 옛날 유럽에 먹을 것이 없어 쥐가 치즈 먹는 모습을 종종 보게 되었는데 거기서 그런 오해가 생겼지요. 둘째, 치즈가 왼쪽에 있어서 쥐가 왼쪽으로 갔는데 리모컨으로 치즈를 계속 움직이면 쥐는 따라다니기만 하다 결국 치즈를 못 먹잖아요. 그렇게 몇 번 경험하면 그다음부터는 포기해요. 왕짜증을 내지요. 또 어떤 방법이 좋을까요?

👦 쥐한테 500만 원을 주고 말을 듣게 합니다.

쥐에게, 내 생각대로 움직이면 절반을 주겠다고 하고 500만 원을 준다. 평소 삶이 묻어나는 답이네요.

👧 쥐에 침을 단 다음 왼쪽으로 가고 싶으면 오른쪽에서 자극을 줘서 왼쪽으로 가게 하고, 오른쪽으로 가고 싶으면 왼쪽에 자극을 줘서 오른쪽으로 가게 합니다.

자극을 어디에 줄까요? 칩을 아무 데나 박아볼까요? 이것도 과학자들이 해봤어요. 그런데 또 잘 안 돼요. 왜 안 될까요?

왼쪽으로 가게 하는 것은 오른쪽에 신경이 있습니다. 운동영역에 자극을 주는 건데 어떤 일이 발생하는가 하면 쥐는 앞으로 가고 싶어 해요. 그런데 자꾸 왼쪽으로 가라고 자극을 주면 일단 왼쪽으로 가요. 그렇지만 쥐는 앞으로 가고 싶으니까 왼쪽으로 갔다가 다시 앞으로 갑니다. 또 자극이 오면 왼쪽으로 갔다가 앞으로 가……. 결국 쥐는 왼쪽으로 갔다 앞으로 갔다 하며 비틀비틀 갑니다. 그래서 '강제로 가게 하면 안 되겠구나. 쥐가 원하는 대로, 왼쪽 버튼을 누르면 왼쪽으로 가고 싶게 만들어야겠다'라는 사실을 알게 되었어요. 어떻게 가고 싶도록 할까요? 치즈 가지고는 안 될 것 같은데.

👧 오른쪽에서 고양이 소리가 나오게 해요. 고양이 소리가 나면 무서워서 왼쪽으로 갈 것 같아요.

왼쪽으로 가게 하려고 오른쪽에 무서운 고양이 소리를 틀어놓는다, 좋은 아이디어인데 안 됐어요. 왜 안 됐을까요?

쥐가 왼쪽으로 가도록 하려면 오른쪽뿐 아니라 앞, 뒤에서도 고양이 소리가 계속 들려야 하는 거잖아요. 고양이 소리가 오른쪽에서 난다면 앞으로 갈 수도 있고 뒤로 갈 수도 있으니 앞이나 뒤에서도 고양이 소리가 들리게 해야겠죠. 원하는 방향은 한 방향이고 가지 말아야 할 방향이 나머지 모든 방향인데 그곳에서 계속 고양이 소리가 난다면? 쥐는 미쳐 버릴 거예요. 자, 또 어떻게 해야 할까요?

👧 가고자 하는 곳에 암컷을 놓아요.

그렇죠. 가고 싶은 방향에 이성의 쥐를 놓는 거죠. 실제로 놓지는 않고 이성의 향기가 나도록 해서 유혹해봤어요. 또 안 됐어요. 왜냐하면 남자친구, 여자친구 쥐가 있을 것 같아서 갔는데 막상 가봤더니 없는 거예요. 그럼 쥐는 왕짜증을 내요. 그래서 향기만 나게 하지 말고 만나는 것 같은 기쁨을 주자, 해서 아주 재미있는 시스템을 하나 만들었습니다.

쥐의 수염을 자르고 왼쪽으로 가게 하고 싶으면 왼쪽 수염을 잡아당기는 느낌이 들도록 전극을 삽입해 놓았어요. 이때 왼쪽으로 가면 마치 이성 쥐를 만난 것처럼 쾌락의 중추에 전기자극을 주는 것입니다. 기쁨을 주는 거죠. 그리고 오른쪽 수염을 잡아당기는 느낌이 들도록 전극을 삽입하고 전류를 흘려 오른쪽으로 가면 쾌락의 중추에 자극을 줘서 수염을 잡아당기는 느낌이 드는 곳으로 가게 합니다. 리모컨을 이용해 자극을 주고 그 자극대로 쥐가 잘 가면 기쁨의 중추, 즉 여자친구나 남자친구를 만난 것 같은 느낌을 주는 것이죠.

이러한 시스템은 왜 연구했고, 어디에 활용하면 좋을까요?

👦 영화를 보면서 영화 주인공의 감정을 내가 똑같이 느낄 수 있도록 합니다.

어떤 영화……? 에로 영화? 영화의 장르가 중요하겠네요.

👧 로봇이 감정이 없으니까 로봇에게 감정을 줍니다.

아, 그럴 수도 있겠네요.

👦 구조를 할 때 좁은 공간에 들어가요.

매우 좋은 답입니다. 예를 들어 중국의 쓰촨성이나 일본 센다이 지역에 지진이 일어나서 건물이 무너졌다고 가정해보죠. 그런데 그 지역은 사람이 들어갈 수가 없어요. 그럴 때 위와 같이 리모컨으로 조종되는 쥐를 구조현장에 보내는 거죠. 쥐의 머리에 카메라를 달고 체온계는 어깨에 달아놔 움직이다가 카메라에 사람과 비슷한 형상이 보인다 싶으면, 리모컨으로 '오른쪽으로 가', '왼쪽으로 가'와 같이 조종해서 사람에게 가까이 가는 거죠. 체온계로 온도가 감지되면 생존자이고, 온도가 낮으면 시체라고 판단합니다. 이러한 방식으로 재난이 일어났을 때, 사람을 구하는 데 쥐를 사용할 수 있습니다.

아바타가 실제로 가능하다면?

아래 사진은 저희 연구실에서 직접 했던 실험 장면입니다. 연구실의 학생이 영화 〈아바타〉를 보고 만든 것으로, 로봇의 움직임을 제어하는 시스템입니다. 어떤 것인지 한번 볼까요?

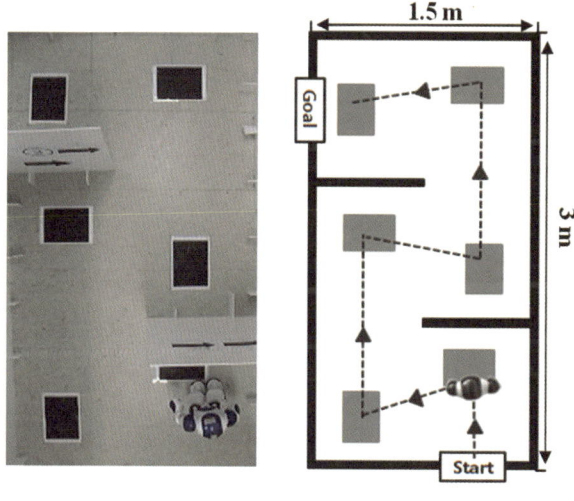

(A)　　　　　　(B)

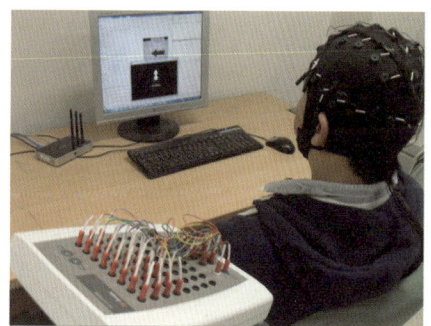

저희 연구실에 '나오'라는, 키가 1m쯤 되는 로봇이 있어요. 이 로봇은 두 다리로 걸어다닐 수는 있지만, 어느 방향으로 가야 할지 선택을 할 수 있는 뇌가 없어요. 그래서 그 역할을 옆방에 있는 학생이 하는 겁니다. 옆방에는 학생이 캡을 쓰고 있고, 나오 머리 부분에 웹캠이 설치되어 있기 때문에 나오 앞에 있는 상황을 학생은 잘 볼 수 있습니다. 이것을 보면서 학생은 '왼쪽으로 가라', '오른쪽으로 가라', '앞으로 가라' 등을 속으로 생각만 합니다. 절대 말하지 않습니다. 그러면 그때 학생의 뇌파가 자동으로 측정되어 저희가 짠 프로그램이 계산을 해 학생의 마음을 읽은 후 그것을 로봇 나오가 있는 옆방으로 무선 전송해주는 것입니다. 이 로봇 나오는 전적으로 학생이 속으로 생각한 대로만 움직이고 있는 겁니다. 이 로봇이 자신의 앞에 놓인 미로를 잘 통과해서 벽에 부딪히지도 않고 목적지까지 간다는 것은 인간이 생각한 것을 프로그램과 시스템이 잘 읽고 있다는 뜻이겠죠. 한마디로 말해서 '누군가의 아바타'라고 보면 됩니다.

이것은 외골격■Exoskeleton이라는 것입니다. 이 개념을 처음 생각해낸 사람은 로버트 하인라인이라는 미국의 SF 소설가입니다. 1959년도에 『스타십 트루퍼스』라는 소설을 썼어요. '우주방위대'라는 제목으로 우리나라에도 번역된 소설인데요, 거기에는 외계생명체와 인간이 싸우려고 하는데 외계생명체에 비해 인간의 힘이 너무 약하잖아요. 예를 들어, 인간이 뇌에서 '들어라'라는 신호를 보내면 들고 싶지만 근육이 연약해서 못 드는 거죠. 그래서 근육 옆에 외골격이라는 보조기계장치를 달아 내 몸의 근육과 이 기계장치가 같이 물건을 들게 하면 무거운 물건을 쉽게 들 수 있게 하는 것입니다.

그 외에도 미국 군인들에게 장착시키려고 하는 군사용 외골격이 있습니

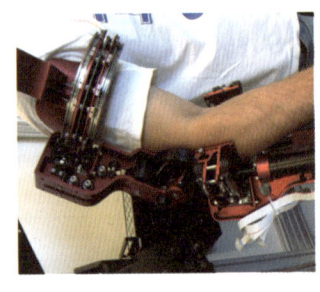

■ 외골격

'입는 로봇(Wearable Robot)'을 뜻한다. 사람이 옷처럼 입고 움직이면 몇 배나 큰 힘을 내도록 도와주는 기계장치다.

다. 캘리포니아 주립대학의 교수들이 만든 장치인데, 얼핏 봐도 매우 불편해 보입니다. '그냥 걸어도 될 것 같은데 왜 저렇게 걷나' 싶을 텐데요, 사실 이 군인이 메고 있는 배낭이 100kg이 넘습니다. 저는 들 수 있지만, 여러분은 절대 들 수 없는 무게입니다! 하지만 외골격이 이 무거운 것을 아주 편하게 들 수 있게 한 거죠. 외골격을 장착했기 때문에 저렇게 걸을 수 있는 겁니다.

미국의 모든 군인에게 장착하겠다는 '스프링 워커'라는 기계장치도 있습니다. 이것은 42.195km를 한두 시간 만에 주파하고, 그러고도 힘이 별로 들지 않는 시스템입니다. 지금은 이것을 장착하고 전쟁터에 나가면, 너무 튀는 데다 쉽게 눈에 띄어 제일 먼저 총에 맞아 죽을 확률이 높습니다. (그리고 총에 맞아 죽지 않더라도 창피해서 죽어요.) 그래서 군인들이 이 기계를 장착하는 것을 우려하고 있어요. 과학자들은 현재 '어떻게 하면 이걸 예쁘게, 잘 만들 수 있을까'를 고민하고 있습니다.

위에서 말한 두 개의 기계장치를 만든 팀이 자문에 참여하여 만들어진 영화가 헐리우드 블록버스터 〈아이언맨〉입니다. 자신이 만들던 기술들이 앞으로 20년 후에 미국의 군인들을 어떤 모습으로 바꿔 놓을까고 헐리우드 감독들을 찾아가 물어본 것이죠. 여기에 과학자들이 컨설팅을 해준 영화가 바로 〈아이언맨〉입니다. 앞으로 미래의 전쟁에선 이런 무시무시한 기계장치들을 만나게 될지도 모르죠.

지금 미국사회에서는, 그리고 과학자들 사이에서는 이런 기술을 군사용으로 쓰는 것이 과연 적절한가에 관해 논쟁하고 있습니다. 이러한 기술을 몸이 불편한 사람에게 적용해서 정상적인 생활을 하도록 도와주는 데 사용하는 것을 넘어서는 활용. 이는 과학계에서도 아직 논란 중입니다.

로봇태권V와 마징가Z가 싸우면 누가 이길까?

여러분은 로봇태권V, 마징가Z를 아시나요? 마징가Z는 1971~2년경 만들어진 로봇이고요. 로봇태권V는 1978년 정도에 만들어진, 여러분이 태어나기 훨씬 전에 만들어진 휴머노이드 로봇입니다. 마징가Z는 일본 로봇이고요. 로봇태권V는 우리나라 로봇입니다. 만약에 이 두 로봇이 싸운다면 누가 이길까요?

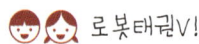 로봇태권V!

왜 로봇태권V가 이기죠?

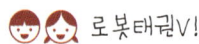 우리나라 로봇이니까요. 태권도를 잘하니까요!

실제로 로봇태권V가 훨씬 커요. 힘도 세고요. 무기도 훨씬 더 강력합니다. 그래서 이길 가능성이 높은데 사실은 더 큰 이유가 있습니다.

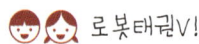 원하는 대로, 생각한 대로 움직이니까요.

맞아요. 마징가Z는 머리 안에 쇠돌이라는 조종사가 들어 있어서 조종을 합니다. 그래서 쇠돌이가 조종하는 대로 움직이죠. 그런데 로봇태권V는 조종되는 방식이 마징가Z와는 많이 다릅니다. 로봇태권V 조종사 훈이는

혼자 태권도를 해요. 심지어는 머릿속으로 태권도를 하는 상상을 해요. 그러면 그 생각이 그대로 로봇태권V에게 전해져 그대로 움직이는 겁니다. 그러면 무슨 일이 벌어질까요?

생각해보세요. '주먹으로 한 대 때려야지'라고 생각하고 쇠돌이가 핸들을 틀면서 버튼을 눌렀어요. 그런데 훈이는 머릿속으로 '주먹으로 한 대 때려야지'라고 생각하는 순간 바로 로봇태권V의 주먹이 나갑니다. 그러니까 마징가Z가 때려야지 생각하는 순간 로봇태권V는 이미 때리는 거죠. 겨우 0.2~0.3초 정도의 시간 차이를 줄일 수 있는 건데, 그것만으로도 로봇 전투에서 큰 전력 차이를 만들어냅니다.

중요한 순간에 수백 밀리 초를 줄이는 것은 굉장한 기술입니다. 전투기를 생각해보세요. 전투기는 속도가 '마하^{Mach} 3'입니다. 마하 3이란 소리의 속도에 3배라는 뜻이에요. 소리가 1초에 몇 미터를 가죠? 340m! 그러면 전투기는 1초에 1km를 넘게 가는 것이죠. 그러니까 영점 몇 초를 줄이면 수백 미터 시간을 단축할 수 있는 거고, 그 앞에 있는 것과 부딪히는 것을 막을 수도 있죠. 그래서 굉장히 중요한 기술입니다.

꿈꾸는 질문

'루브 골드버그'라는 장치 들어봤나요? 루브 골드버그란 아주 간단한 기능을 수행하는 아주 복잡한 기계장치를 말합니다. 찰리 채플린의 영화 〈모던 타임즈〉에 등장하기도 하는데, 예를 들면 도르래가 돌아가서 시계를 움직이면 시계가 맞춰져서 다른 기계를 움직이고, 그에 따라 결국 수많은 과정을 거쳐 캔커피 뚜껑을 따는 일과 같은, 하찮은 일을 하는 기계 장치를 말합니다.

20세기의 과학기술은 루브 골드버그 장치와 크게 다르지 않아요. 루브 골드버그란 원래 만화가 이름이에요. 이 만화가가 20세기 과학기술을 풍자하기 위해서 이러한 장치들을 열심히 그렸습니다. 과학자들이 거대한 기계장치를 만들지만, 그것이 하는 기능이란 게 얼마나 간단하고 한심한, 그리고 어리석은 것인가를 말하는 것이죠.

인간이 생각하는 것을 그대로 받아들이는 로봇, 인간의 마음을 잘 헤아리는 기계장치를 21세기의 과학자들이 만들 수 있었으면 좋겠습니다. 그러기 위해선 인간의 마음을 잘 알아야 하고, 이를 적용할 수 있는 로

봇 기술도 잘 알아야 하죠. 이 분야에 대한 이해가 깊은 사람만이 더 나은 세상을 만들 수 있습니다.

그래서 이 책을 읽고 있는 학생들은 '난 수학을 잘하니까 수학자가 되어야지, 나는 화학을 잘하니까 화학자가 되어야지'라고 단순하게 생각하는 것이 아니라 '나는 세상에 이런 게 존재하면 좋을 것 같다'라는, 꿈꾸는 질문을 먼저 생각한 다음에, 그것을 하기 위해 필요한 지식이라면 그것이 어떠한 분야든지 왕성하게 섭취하는, 그러한 21세기 인재가 되었으면 좋겠습니다.

정재승 | KAIST 바이오및뇌공학과 교수. 복잡한 사회현상의 뒷면에 감춰진 흥미로운 과학 이야기를 담은 『과학콘서트』를 시작으로 『눈먼 시계공』(공저), 『정재승+진중권 크로스』 등의 베스트셀러를 썼다. 대중적 과학 글쓰기를 통해 과학 전도사로 인정받는 젊은 과학자로 '10월의 하늘'을 통해 더 많은 청소년들이 과학에 대해 관심을 갖고 과학자의 길을 걷기를 바라며 이 책을 썼다.

무심히 떨어지는 사과를 '들여다보고'
만유인력을 발견한 뉴턴처럼,
달팽이집의 나선형 모양을 '들여다보고'
건축물로 승화해낸 스페인의 건축가 가우디처럼
주변을 둘러싸고 있는 모든 것들을 '들여다봄'으로써
우리는 창의력을 발현할 수 있습니다.

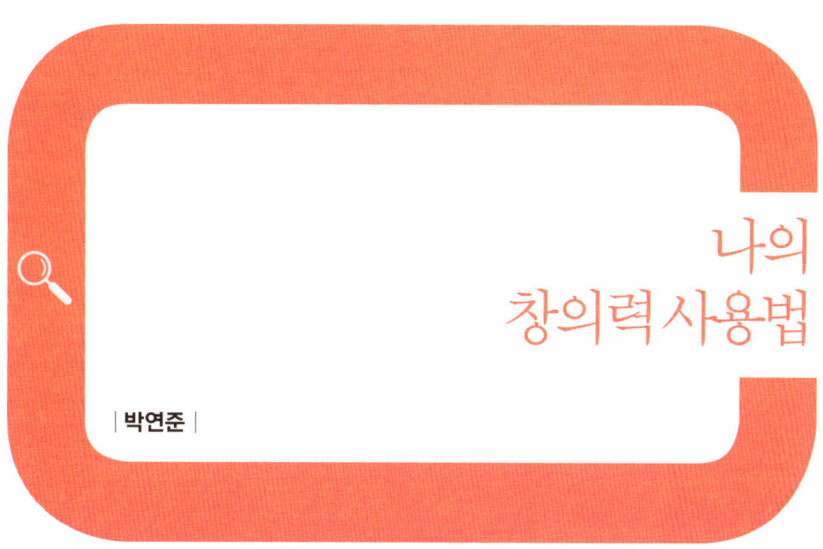

나의
창의력 사용법

| 박연준 |

■　　　여러분은 학교에서 과학을 어떻게 배우나요? 다음 이야기를 읽으면서 우리가 배우고 있는 과학에 대해 생각해봅시다.

하루는 선생님이 톰에게 물의 화학식을 써보라고 했어요. 물의 화학식, 여러분은 알고 있나요? H_2O 즉, 두 개의 수소[H]와 산소[O] 한 개가 연결된 분자를 우리는 물이라고 하죠. 톰도 이것을 알고 있을까요? 톰은 자신 있게 칠판 앞으로 가 물의 화학식을 적어 내려갔습니다.

'H - I - J - K - L - M - N - O'

응? 우리와 알고 있는 것과 다르네요. 선생님은 톰에게 물었어요.

"톰, 이게 어떻게 물의 화학식이지? 물은 에이치투오라고 읽고 H_2O라고 쓴단다."

"선생님, H to O 그러니까 H부터 O까지 쓰라는 거 아니었나요?"

톰은 선생님이 알려준 H_2O를 글자 그대로 이해한 나머지 'H to O' 즉,

알파벳 H부터 O까지를 나열한 것이었습니다. 과연 톰은 과학을 제대로 배우고 있는 걸까요?

우리는 과학을 '배운다'고 합니다. '배운다'는 것의 의미는 또 무엇일까요? 이번에는 '배우다'라는 단어를 인터넷 국어사전에서 찾아봤습니다. 검색 결과는 다음과 같이 나옵니다.

배우다 (동사)

1. 새로운 지식이나 교양을 얻다.
2. 새로운 기술을 익히다.
3. 남의 행동, 태도를 본받아 따르다.
4. 경험하여 알게 되다.
5. 습관이나 습성이 몸에 붙다.

새로운 지식이나 교양과 기술을 익히고 남의 행동을 본받아 따르며 경험하여 알게 되는 것, 그리고 습관이나 습성이 몸에 배는 것. 이것이 '배우는' 것입니다.

그렇다면 여러분들은 학교에서, 학원에서 제대로 된 과학을 '배우고' 있습니까? 과학을 잘 '배우기' 위해서는 무엇이 필요할까요? 그리고 과학을 잘 '배우기' 위해서는 어떤 태도를 지녀야 할까요? 저는 그 정답을 '창의력'에서 찾을 수 있었습니다.

새로운 글로벌 인재들이 올바른 과학을 배우기 위해 '창의력'에 대해 한 번 더 생각해보고 '창의력'이란 무엇인지 배우고 느껴보고 생각해보는 시간을 지금부터 가져볼까 합니다.

창의력-들여다봄-見

저처럼 초등학교 선생님이 되면 모든 과목을 다 가르치게 됩니다. 그야말로 전천후 교사로 활약하게 되죠. 하지만 초등학교 선생님들도 개인적으로 적성이 맞고 마음이 가는 과목이 있는가 하면 어렵고 힘든 과목도 있습니다. 저는 여러분들과 과학을 공부하는 것이 무척 즐거웠습니다. 특히 초등학교 3, 4학년 학생들과 함께 느낀 과학은 '즐거움'이었고 우리의 '생활' 그 자체였습니다.

아직 학년 초의 여운이 사라지지 않은 4월에는 '과학에 대한 생각 그리기'를 해보았습니다. 학생들의 과학에 대한 호기심과 흥미를 엿볼 수 있는 시간을 가질 수 있었죠. 하지만 안타깝게도 높은 학년으로 올라가고 시간이 지나갈수록 과학이란 재미없고 어려운 과목이라고 여깁니다. 통계적인 수치를 제시하기는 힘들지만 특히 여학생의 경우 더욱 과학에 대한 어려움을 토로해왔죠. 즐거운 과학시간이 어렵고 지루한 시간이 되는 것 같아 저는 학생들과 다양한 방법의 과학 수업을 진행했습니다. 우리가 어떻게 과학시간을 즐겁게 보냈는지 같이 살펴볼까요?

'과학?' 생각 표현하기

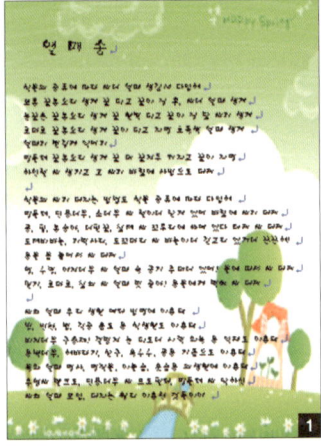

① 과학 노래 부르기
학습내용과 관계있는 과학 노래를 어울리는 그림과 배치하여 꾸민 후 수시로 부르면서 과학과 친해지기

② 탐구 우수작품 함께 보기
친구가 만든 탐구 결과 중 멋진 작품들을 게시하여 모두 함께 보고 참고하기

③ 예체능 시간에 과학하기
미술시간과 음악시간에 과학 이야기 표현하기

④ 수업 내용 함께 보기
수업과 관련한 내용을 게시물로 만들어 붙여놓고 교실을 오가며 읽어보기

⑤ 다양한 교구 준비하기
프로젝트 단원과 관련 있는 교구들을 활용하여 학습 주제와 친해지기

⑥ 채소 농장
채소의 성장을 지켜보며 직접 먹을 수도 있는 채소 심어보기

과학은 우리 주변의 사물을 관찰하고 생각하는 데서 비롯됩니다. 관찰은 눈으로 보고 살피는 것입니다. 하지만 눈으로 본다고 해서 누구에게나, 언제나 보이는 것이 과학은 아닙니다. 그냥 보는 것과 들여다보는 것은 다릅니다. 과학은 들여다보는 것에서 시작합니다.

뉴턴이 다른 사람들은 그냥 보고 지나쳤던 사과를 '들여다봄'으로써 만유인력을 발견했던 것처럼 과학을 하기 위한 필수 조건인 창의력도 '들여다봄'으로써 나올 수 있을 것입니다.

창의력, 그 대단한 잠재력

창의력이란 무엇일까요? 먼저 창의의 개념부터 살펴봅시다.

창의(創意)란 '創(비로소 창)＋意(뜻 의)＝생각이 처음으로 비롯된다'라고 해석됩니다. 여기에서 創은 倉(곳집 창)과 刀(칼 도)의 합성어로 집을 새로 지으려면 나무를 칼로 다듬어야 한다는 의미로, 새롭게 처음부터 시작한다는 의미로 해석하면 됩니다.

라틴어로 창의는 Creativity라고 씁니다. 라틴어의 Creo(만들다)를 어근으로 하는 Creatio라는 말에서 유래했으며, 무(無)에서 또는 기존의 자료에서 새로운 것을 발견하거나 만들고 산출하는 것을 뜻합니다.

위에서 제시한 것들을 통합해본다면 창의란 독창적이고 가치 있는 사고를 할 수 있거나 창의적 결과물을 생산해낼 수 있는 개인의 능력이나 성향을 의미합니다.

어느 기업의 입사 면접시험에 다음과 같은 문제가 나왔습니다. 여러분이라면 어떤 대답을 했을까요?

당신은 회사동료들과 함께 아프리카를 여행중이다. 그런데 동료 중 한 명이 풍토병에 걸려 사경을 헤매게 되었는데 특효약이 한국산 고

추장이라는 걸 알게 되었다. 한국으로 돌아가기까지는 3일이 남았다. 당신은 어떻게 할 것인가?

창의가 단지 기발한 답변을 하는 것이라고 생각하면 잘못입니다. 창의란 기발한 무엇을 만들어내는 것이 아니라 주어진 자원과 시간을 활용해 효과를 극대화할 수 있는 아이디어를 찾아내는 것입니다. 창의를 기반으로 한 창의적 사고의 구성요소를 살펴보면 다음과 같습니다.

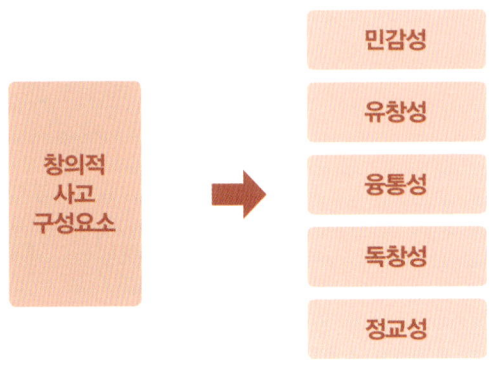

민감성은 문제 상황 초기에 주로 요구되는 사고 능력입니다. 문제 상황에 대해 예민한 관심을 보이고 이를 통해 새로운 탐색 영역을 넓히려는 성향이며 문제 상황을 정확히 파악할 수 있는 사고 능력입니다.

유창성은 만들어낼 수 있는 아이디어의 수를 의미합니다. 일상의 물건을 독특하게 사용할 수 있는 방법을 주어진 시간 내에 가능한 한 많이 생각해보는 연습 등을 통해 기를 수 있습니다.

융통성은 사고의 폭을 넓히는 능력으로 고정적인 사고방식에서 벗어나 여러 각도에서 다양한 해결책을 찾아내는 능력입니다. 만들어낸 아이디어가 담고 있는 범주(종류)의 수를 말합니다.

독창성은 새롭고 독특한 아이디어를 산출하는 능력으로 창의적 사고의 궁극적인 목표입니다. 독창성은 다른 이들의 반응에는 없는 아이디어의 수를 의미합니다.

이상의 5가지 창의적 사고의 구성요소가 종합하여 개개인이 창의성을 발현하도록 도움을 주는데 각 구성요소의 성격에 맞게 몇 가지 관련 문제를 내어 보자면 다음과 같습니다. 여러분도 한번 생각해보세요.

유창성

❶ 빨간색 물건의 보기를 많이 나열하라.
❷ 벽돌의 용도를 가능한 한 많이 나열하라.
❸ 볼펜의 용도를 가능한 한 많이 나열하라.

융통성

위 유창성 활동에서 생각해낸 '벽돌의 용도'를 범주로 나누어라. 몇 개의 범주가 있는가?

독창성

유창성 활동에서 생각해낸 '벽돌의 용도'를 다른 사람과 비교해보라. 당신의 리스트에는 다른 사람들이 말하지 않은 것이 몇 개나 있는가?

정교성

당신의 키가 개미만큼 작아졌다고 해보자. 이때 따라오는 효과(결과)들을 나열해보라. 또는 당신의 키가 4m라면?

창의적 사고의 구성요소는 각자 독특한 영역을 담당하며 독창성의 경우 창의성과 가장 밀접한 관련을 맺고는 있으나 다른 영역의 경우에도 고르게 발전시키려는 노력이 필요합니다.

자두를 보고도 감동할 줄 아는 재능

우리가 창의력을 기르고 창의적인 인재를 육성하기 위해 노력하는 이유는 무엇일까요? 새로운 발견과 발명은 인류를 새로운 패러다임의 전환으로 인도합니다. 지금껏 인류 문명이 발전할 수 있었던 힘의 원천은 인간의 창의력에서 나왔다고 해도 과언은 아닐 것입니다.

물론 창의력을 키우는 일은 과학에서만 필요한 일이 아닙니다. 작가에게도, 시인에게도, 음악가와 예술가에게도 창의력은 필요합니다. 『좁은 문』을 지은 프랑스 작가 앙드레 지드는 '시인의 재능은 자두를 보고도 감동할 줄 아는 재능'이라고 이야기했습니다.

무심히 떨어지는 사과를 '들여다보고' 만유인력을 발견한 뉴턴처럼, 달팽이집의 나선형 모양을 '들여다보고' 건축물로 승화해낸 스페인의 건축가 가우디처럼 주변을 둘러싸고 있는 모든 것들을 '들여다봄'으로써 우리는 창의력을 발현할 수 있을 것입니다.

과학을 하는 이유 중 하나가 우리가 살고 있는 세상에 대해 알고 이해하고 느끼는 것이라 한다면 과학을 포함한 다른 학문을 할 때도 창의력을 얻기 위해 '들여다보는 방법'을 배워야 하지 않을까요?

뉴턴이 만유인력을 발견한 사과나무와 가우디의 건축물 사그라다 파밀리아

마지막으로 어찌 보면 과학과는 조금은 다른 세상이라고 생각될지도 모르는 광고계에서 '창의력'이라는 무기로 작품들을 만들어나가는 박서원 Big Ant 대표의 작품들을 살펴보며 마무리하고자 합니다.

광고장이 박서원을 스타덤에 오르게 한 작품 '뿌린 대로 거두리라'

이 광고는 전봇대에 붙이는 광고로, 적을 향해 던진 수류탄이 돌고 돌아 언젠가는 자신에게 되돌아온다는 것을 보여주고 있습니다. 물론 본인은 꿈에도 생각하고 있지 못하겠지만 말입니다. 반전 포스터라고 불리는 이 광고는 시리즈물로 다음의 세 편이 더 있습니다.

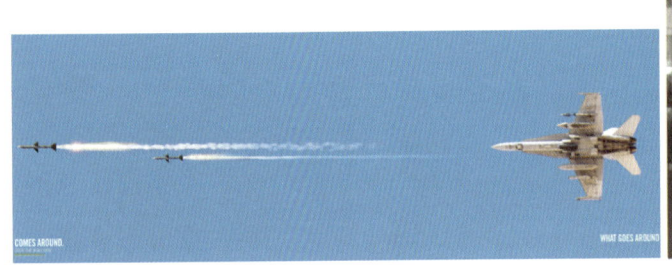

강력한 반전의 메시지를 담고 있는 광고들을 보면서 창의력의 산물이 어쩌면 우리가 생각하는 것보다 또는 상상하는 것보다 훨씬 더 강력한 산출물들을 인류에게 쏟아 부어주고 있지 않은가라고 확신하게 됩니다.

미국의 유명한 장애인 학자였던 헬렌켈러는 이런 말을 남겼습니다.

"내가 만약 대학의 총장이 된다면 이런 필수과목을 만들겠다. 내 눈 사용법How To Use Your Eyes."

영어 'see'와 'watch'는 한국어로 해석하면 둘 다 '보다'라는 뜻이지만 두 단어의 의미는 전혀 다른 것입니다. 마찬가지로 한자 시(視)와 견(見)도 분명히 다른 단어라고 생각됩니다.

과학을 하고자 하는 학생 혹은 과학자가 꿈은 아니지만 미래를 설계하고 진취적으로 이끌어 나가고 싶은 학생이라면 가슴에 그 미묘한 차이를 새겨야 할 것 같습니다. 이는 곧 창의력을 얻게 되는 지름길이기 때문입니다.

박연준 | 서울교육대학교 과학교육과와 이화여자대학교대학원을 졸업한 뒤 서울이태원초등학교에서 학생들과 생활하고 있는 행복한 선생님이다. 꿈나무들의 과학교육과 영재교육에 관심이 많아 현재 교육청영재학급을 운영하며 영재교육원에서도 강의를 하고 있다. 계속 미래의 과학자를 키워나가는 데 힘쓰고 싶다는 바람을 가지고 있다.

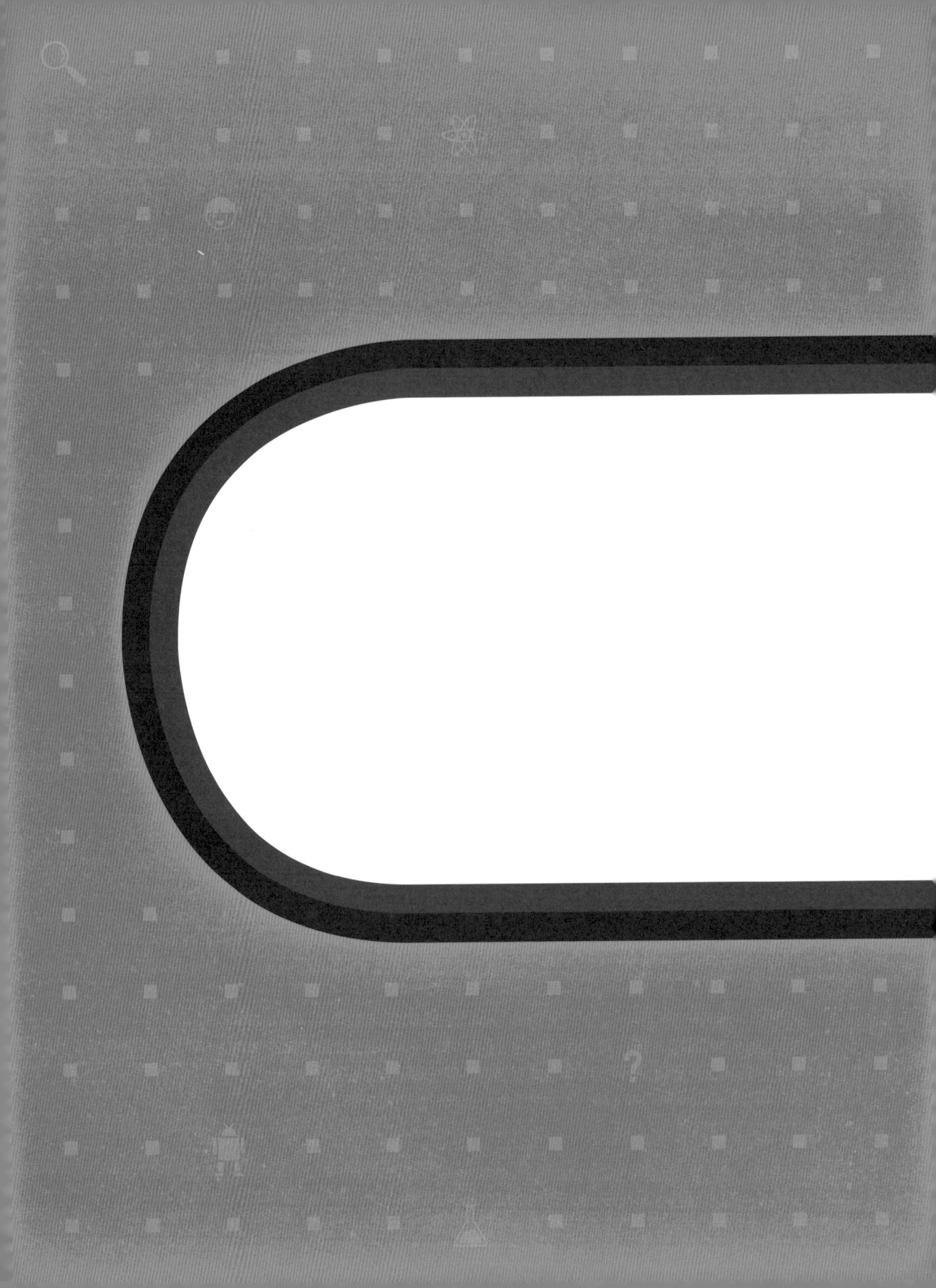

와글와글 읽고 쓰기

과학자들의 서재

개나리는 쓸모도 없는 꽃을 왜 그리 열심히 피우는 걸까?
거미에게 물려서 거미인간이 되는 것이 가능할까?
코끼리만큼 커진 개미가 과연 존재할 수 있을까?
답을 찾아가는 과정은 어렵지 않습니다.
논리적이고 합리적인 사고방식을 가지고 있다면 말이죠.

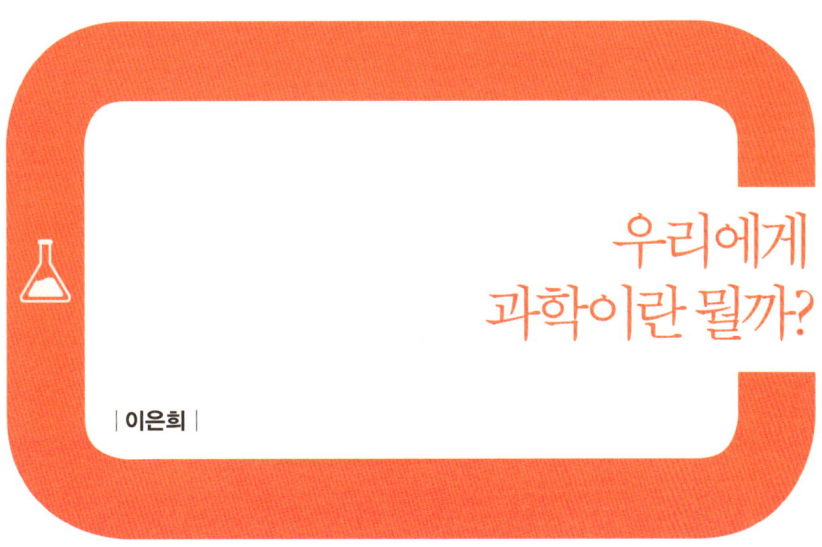

우리에게
과학이란 뭘까?

| 이은희 |

■　　　몇 년 전, 집먼지 진드기를 퇴치할 수 있는 방법을 다룬 TV 프로그램이 방영되었습니다. 집먼지 진드기는 사람의 몸에서 떨어져 나온 비듬이나 각질을 먹고 사는 일종의 기생충이죠. 주로 매트리스나 이불, 카펫, 인형 등 천으로 만들어진 제품에 숨어 사는 존재입니다. 집먼지 진드기는 먼지처럼 작아 육안으로는 식별이 불가능합니다. 호흡기나 피부를 자극해 알레르기성 비염이나 천식, 아토피 등의 원인이 되기도 하죠. 한때 이러한 알레르기성 질환의 원인으로 집먼지 진드기가 지목되면서 이를 없애기 위한 다양한 방법들이 개발되었습니다. 그중 방송에서 제시한 방법은 아주 손쉽고 간단했습니다.

쉽게 구할 수 있는 소독용 알코올에 계피를 섞어 끓이면 계피 속에 든 살충 성분이 알코올에 녹아나오는데, 이 계피 알코올을 침구나 카펫에 뿌려 놓으면 인체에 해가 없으면서도 효과적으로 집먼지 진드기를 없앨 수 있다는 것이었죠. 만드는 방법도 어렵지 않고 재료도 구하기 쉬웠기 때문에 방송이 나간 이후 많은 사람들이 이 방법을 이용했다고 합니다.

하지만 며칠 지나지 않아 해당 프로그램 게시판에는 시청자들의 항의 글이 잇달아 올라오기 시작했습니다. 심지어 뉴스 프로그램에서도 이 내용을 기사로 다루는 등 의외의 사건들이 일어났죠. 이유인즉, 방송에서 소개한 내용대로 따라 했더니 효과적인 살비제^{miticide}를 만들기는커녕 사고를 당했다는 것이었습니다. 이는 소독용 알코올, 즉 에틸알코올의 특성을 간과해 일어난 사건이었습니다.

에틸알코올은 알코올램프의 연료로 쓰일 만큼 가연성이 높은 액체입니다. 따라서 에틸알코올을 직접 가열하는 것은 화재의 위험이 매우 큰, 위험한 행동이었고, 이로 인한 화상 사고와 화재 사고가 빈발했죠.

사실 에틸알코올이 불이 쉽게 붙는다는 사실을 모르는 사람은 거의 없을 것입니다. 정규교육과정을 거친 사람들이라면 한 번쯤은 알코올 램프를 사용해본 경험이 있을 것이고, 술을 마셔본 성인이라면 칵테일 바에서 하는 '불쇼'를 본 적이 있을 겁니다. 그러니 이보다 알코올 함량이 높은 소독용 알코올 역시 불에 가까이 했을 경우 불이 붙는다는 것은 충분히 예측 가능한 일입니다. 하지만 이 사실을 알고 있음에도 불구하고 많은 사람들이 알코올을 직접 가열했고, 그 결과 화재가 일어나고 화상을 입는 사고가 발생한 것이죠. 참 이상도 하지요. 분명히 알코올을 가열하면 위험하다는 사실을 알고 있음에도 불구하고, 왜 사람들은 이런 무모한 행동을 했던 것일까요?

논리적인 사고방식이 필요해

신학기가 시작되면 학생들에게 꼭 묻는 질문이 있습니다. 바로 '과학이란 무엇인가'라는 질문입니다. 하지만 이 질문에 정확한 대답을 하는 학생들은 지금껏 없었죠. 많은 학생들이 과학은 '중요한 것, 쓸모 있는 것, 유용한 것'이라는 막연한 이미지만을 가지고 있을 뿐 정작 과학이 무엇인지에 대한 개념은 가지고 있지 않은 경우가 대부분입니다.

과학(科學)의 사전적 정의는 '보편적인 진리나 법칙의 발견을 목적으로 한 체계적인 지식'이라는 뜻입니다. 따라서 우리가 어떤 대상에 대해 '과학적'이라는 수식어를 붙이면, 그 대상은 체계가 있고 논리적이며 합리적이라는 뜻을 내포합니다.

과학에 대한 정의가 확실해지면, 우리가 왜 과학을 배워야 하는지 또한 분명해집니다. 우리는 흔히 과학을 배우는 목적이 신기한 발명이나 발견을 한 사람들을 외우고, 그 발견과 발명의 과정을 따라가며, 이를 통해 쓸모 있고 유용한 무언가를 만들어내는 것이 과학을 배우는 이유라고 여기는 경우가 많습니다.

예를 들어 만유인력의 법칙은 뉴턴이 찾아냈고, 페니실린의 제조법은 플레밍이 알아낸 것이라는 걸 외우고, 이때 떨어지는 사과와 우연히 날아든 곰팡이가 중요한 역할을 했다는 것을 외우는 것이죠. 그리고 이러한 과학적 지식을 바탕으로 장차 과학자가 되어 국가와 민족의 위신을 높이고 인류를 번영하게 할 의무가 있다고 여기는 식입니다. 하지만 과학의 정의 어느 곳에도 이러한 뜻은 들어 있지 않습니다.

과학은 체계적인 지식이기 때문에, 우리가 과학을 배우면서 익혀야 할 가장 큰 가르침은 바로 이 체계성을 뒷받침하는 논리적이고 합리적인 사고방식입니다. 앞서 말한 진드기 퇴치제에 얽힌 에피소드 역시 논리적 사고방식에 대한 정확한 이해가 없어서 벌어진 사건으로 보아도 무방할 것입니다.

개나리가 꽃을 피우는 과학적 이유

과학적 사고방식이란 결국 합리적으로 사고하는 것입니다. 합리성이란 이론이나 이치에 합당한 성질을 뜻하는 말로, 과학 이론은 합리적이고 논리적으로 형성되기 때문에 과학을 통해 우리는 이러한 사고방식을 훈련하는 것이 가능합니다. 그렇다면 합리적인 사고방식이란 어떤 것일까요. 합리적 사고방식을 통해 결론을 도출하는 과정을 예로 들어 설명해 보겠습니다.

이 꽃의 이름, 뭔지 아시나요? 바로 개나리입니다. 개나리는 우리나라에 매우 흔한 꽃이어서 봄만 되면 산에 들에 지천으로 피어나죠. 개나리를 본 적이 없는 사람은 거의 없을 것입니다. 그런데 여기서 잠깐! 우리는 분명히 교과서에서 꽃은 식물의 생식기관이라고 배웠습니다. 생식기관이 존재하는 이유는 무엇일까요? 생식세포를 만들어 후손을 생산하는 일을 하는 것이 생식기관입니다. 따라서 개나리의 꽃 역시 생식세포를 만들 것이고, 그 결과 씨앗을 만들어낼 것입니다.

그런데 여러분, 개나리 씨앗을 본 적이 있나요? 아마 없을 겁니다. 해마다 저렇게 지천으로 꽃이 피면 씨앗도 그만큼 흔할 텐데 왜 씨앗을 본 기억은 없을까요? 자세히 살펴보면 있긴 있을 텐데 우리가 주변 사물을 잘 살펴보지 않고 지나쳐서 그런 걸까요? 아닙니다. 개나리 주변을 아무리 둘러봐도 씨앗은 흔적도 없습니다. 도대체 그 많은 개나리꽃은 무얼 위해 피는 걸까요?

만약 누군가가 여러분에게 이런 문제를 냈다고 가정해봅시다.

꽃은 식물의 생식기관인데, 개나리는 왜 꽃은 피지만 씨앗이 영글지 않을까?

얼핏 이 문제가 매우 황당하게 들리겠지만, 실제로 답을 찾아가는 과정은 어렵지 않습니다. 여러분이 논리적이고 합리적인 사고방식을 가지고 있다면 말이죠.

하나씩 살펴봅시다. 꽃은 식물의 생식기관입니다. 하지만 꽃이 핀다고 해서 그것이 저절로 씨앗으로 변하지는 않습니다. 꽃은 씨앗을 맺기 위해 먼저 '수정'의 과정을 거쳐야 합니다. 수술이 만들어낸 꽃가루, 즉 정세포가 암술로 옮겨가 암술의 난세포와 결합해 수정이 일어나야 비로소 씨앗이 만들어지는 것이죠. 그렇다면 가설을 세워봅시다. 개나리의 꽃이 씨앗을 맺지 못하는 것은 수정 과정에 문제가 있기 때문인 것은 아닌지 하고 말이죠. 실제로 개나리꽃을 자세히 살펴보면 암술만 있을 뿐, 수술이 없다는 것을 알 수 있습니다. 개나리꽃은 수술이 존재하지 않기 때문에 꽃가루도 만들지 못할 테고 당연히 수정도 일어나지 않을 것입니다. 수정이 되지 않으니 씨앗이 만들어지지 않는 것도 당연하겠죠.

과학적 사고방식, 즉 합리적이고 논리적인 사고방식이란 바로 이런 것입니다. 시작은 주변에서 일어나는 현상에 대해 의문을 가지는 것으로 출발합니다. 이를 설명하기 위한 가설을 세우고, 타당한 방법을 이용해 증명하고 결론을 도출하는 것이 바로 과학적인 사고방식이며 논리적인 사고방식이죠. 이런 사고방식의 연습은 가장 가능성이 높은 결론을 이끌어내는 데 도움을 줍니다.

다시 개나리로 돌아가서 연습해보죠. 개나리는 수술이 없어서 수정이 일어나지 않기 때문에 꽃은 피지만 씨앗은 영글지 않습니다.

그렇다면 개나리는 쓸모도 없는 꽃을 왜 그리도 열심히 피우는 것일까?

이에 대한 해답 역시 여러분이 알고 있는 상식들을 조금만 조합하면 금방 찾아낼 수 있습니다. 모든 생명체는 번식하니 수술이 없는 개나리 꽃이라도 분명 번식할 것입니다. 우선 번식의 방법이 씨앗을 이용하는 것만 있는지를 생각해봐야겠습니다. 동물의 경우 몇몇 예외를 제외하면 난자와 정자가 만나서 수정란을 만드는 방법이 번식의 거의 유일한 방법이지만, 식물은 다릅니다. 식물은 영양생식이라 하여 생식기관이 아닌 줄기, 뿌리, 잎으로도 번식이 가능하고, 개나리 역시 마찬가지여서 씨앗이 아니라 줄기나 뿌리로 번식합니다.

아마도 예전에는 개나리 또한 다른 식물들처럼 수정해서 씨앗으로 번식했을 것입니다. 그러다가 돌연변이가 일어나 씨앗을 맺지 못하는 개체가 생겨났지만, 다행히도 뿌리나 줄기로 번식이 가능해 멸종되지 않고 살아왔던 것이죠.

이제 개나리의 꽃은 '빛 좋은 개살구' 신세입니다. 개나리의 번식에는 별다른 영향을 주지 않기 때문에 어느 날 또 한 번의 돌연변이가 일어나 꽃이 피지 않는 개나리가 만들어진다 해도, 개나리의 생존과 번식에는 별다른 문제가 없을 것입니다.

하지만 생물학을 전공한 제 생각에, 개나리는 앞으로도 여전히 꽃을 피울 것 같습니다. 그 이유는 이제 개나리의 번식에 인간이라는 존재가 필요하기 때문입니다. 개나리는 식물이기 때문에 움직일 수 없는데 줄기나 뿌리로 번식하기 때문에 원래 개체가 있던 곳 근처로만 번식이 가능합니다. 하지만 개나리는 여기저기 우리나라 전체에 퍼져 있습니다.

움직일 수 없는 개나리가 이렇게 퍼져 나간 것은 누군가 개나리를 옮겨 주었기 때문에 가능했을 것입니다. 그 운반자가 바로 인간입니다.

사람들은 개나리의 노란 꽃을 좋아했고, 이것을 가까이에서 보기 위해 가지를 꺾어다 심으면서 개나리가 원래 있던 곳에서 멀리 떨어져 퍼져 나갈 수 있었던 것입니다. 이제 사람은 개나리의 번식에 있어, 민들레의 씨를 실어 나르는 바람과 같은 역할을 하고 있습니다.

사람들은 꽃을 보기 위해 개나리를 옮겨 심습니다. 따라서 꽃이 피지 않는 개나리는 사람들의 선택을 받을 수 없을 테고, 그렇다면 개나리는 널리 번식하는 데 실패할 것입니다. 그렇기 때문에 개나리는 여전히 씨앗도 맺지 못하는 꽃을 계속해서 피우는 것입니다. 개나리 한 그루에게는 꽃이 낭비가 될 수 있겠지만, 집단을 생각해보면 꽃을 피움으로써 더 멀리 퍼져나갈 수 있으니 결코 낭비가 아닌 것이죠. 개체에게는 손해이지만 집단 전체로 보면 이익이 되는 경우, 개체가 손해를 감수하고 해당 형질을 계속 유지시키는 것은 바로 유명한 리처드 도킨스의 『이기적 유전자』의 핵심 개념 중 하나입니다.

코끼리만큼 커진 개미가 과연 존재할 수 있을까?

이런 식의 사고 훈련은 학생들의 수업 능력을 증진시키는 데도 매우 큰 도움이 됩니다. 수험생이 대학에 입학하기 위해 거쳐야 하는 관문 중에 논술과 면접이 있죠. 이 관문을 통과하기 위해서는 과학적 사고방식, 즉 논리적이고 합리적으로 문제를 풀어나가는 능력이 매우 중요합니다.

지난 2008년 서울대에서 논술 예시 지문으로 '개미와 코끼리'에 대한 문제가 나온 적이 있었습니다. 거대한 곤충 모양의 괴물이 등장하는 공상과학영화를 본 영희가 과연 사람보다 큰 개미는 존재할 수 있는가를 생각하게 된다는 내용이었습니다. 문제는 '코끼리만큼 커진 개미'가 과

연 존재할 수 있는지에 대해 기술하는 것이었습니다.

사실 이 문제에서 테스트하고자 하는 바는 학생들이 크기와 표면적의 관계라는 수학적 모델에 대한 이해가 있느냐는 것입니다.

각 변의 길이가 1cm인 주사위와 각 변의 길이가 2cm인 주사위를 비교해보죠. 변의 길이가 2배 늘어나면 표면적은 6cm²에서 24cm²로 4배(2의 제곱), 부피는 1cm³에서 8cm³로 8배(2의 세제곱) 늘어납니다. 따라서 개미가 코끼리만큼 커지기 위해서 몸길이가 n배로 커진다면 다리의 단면적은 n^2으로 늘어나겠지만, 체중은 n^3으로 커지기 때문에 다리에 가해지는 하중이 커져 정상적인 보행이 불가능할 것이라는 예측을 할 수 있습니다. 즉, 개미가 코끼리만큼 커진다는 것을 통해 개인의 상상력을 테스트하는 것이 아니라, 지식과 상식을 바탕으로 합리적이고 논리적인 결론을 도출해내는 능력을 지니고 있는지를 묻는 문제인 것입니다.

끊임없이 의심하기

그렇다면 논리적이고 합리적인 사고 능력은 어떻게 키워야 할까요? 사실 많은 이들이 이런 사고 훈련이 되어 있지 않습니다. 우리는 논리적이고 합리적으로 사고하기보다는 감정적이고 즉각적으로 반응하는 것에 익숙하죠.

여러분에게 A라는 친구가 있다고 가정해봅시다. 어느 날 또 다른 친구 B가 다가와 사실 A가 너랑 친한 척하지만, 뒤에서는 네 욕을 하고 다니고 있었다고 말한다면 여러분은 어떻게 반응할까요? 아마도 대다수의 사람들은 과거 A의 행동에서 미심쩍었던 기억을 떠올리며, 그것이 이중적인 태도에서 나온 결과라 결론짓고 배신감을 느끼며 분노할 겁니다. 이성적이고 논리적인 반응보다는 감정적이고 즉각적으로 반응하는 데 익숙하기 때문입니다. 하지만 조금만 생각을 달리해볼까요.

내가 A에게 화가 난 이유는 무엇 때문일까요. A가 스스로 고백해서도 아니고, 현장을 목격한 것도 아니며, 단지 B가 얘기해준 걸 들은 것뿐인데 말이죠. 결국 난 실질적 증거도 없으면서 무조건 A를 미워하는 셈이 되는 것입니다. 사실은 B가 나와 A 사이를 질투했거나, 그저 A가 미워서 거짓말을 했을 가능성도 얼마든지 있습니다. 이런 경우, 어떻게 하는 것이 현명할까요? 이때는 정말로 A의 행동이 이중적이었는지를 밝혀내는 것이 우선입니다. 이를 밝히는 방법은 여러 가지가 있습니다. A와 B를 한데 불러 삼자대면을 할 수도 있을 테고, B에게 A가 나를 욕하는 증거를 가져오라고 할 수도 있으며, A가 내 험담을 했다는 친구들(가능하면 여러 명)에게 증언을 들을 수도 있을 것입니다. 그 후에 A와 친구 관계를 지속할지 아닐지를 결정하는 것도 늦지 않습니다. 사실 그것이 가장 합리적이고도 확실한 방법이죠.

이 결과에서 보듯 합리적이기 위해서는 먼저 의심하는 버릇을 들이는 것이 좋습니다. 그렇다고 무조건 의심을 하라는 것이 아니라, 원인과 결과, 즉 인과관계의 연관성을 따져보라는 것입니다. 과학적인 사고를 하기 위해서는 합리적 회의주의자가 되어야 합니다.

거미에게 물려서 거미인간이 되는 것이 과연 가능할까?

일상에서 합리적 회의주의자가 되는 방법은 어떤 것이 있을까요? 가장 손쉬운 방법은 드라마나 영화 등의 매체를 이용하는 것입니다. 서점에 가면 영화 속 과학 오류들을 다룬 책들이 많이 나와 있죠. 이런 것을 많이 접하면 합리적 사고방식을 기를 수 있을 뿐 아니라, 흥미나 재미도 잡을 수 있어 일석이조입니다. 대상이 뭐든 좋습니다. 영화든 드라마든 소설이든 만화든 일상에서 접하는 모든 스토리에 개연성과 인과성을 따져보는 것입니다.

〈스파이더맨〉이라는 영화 본 적 있나요? 영화 속 주인공은 거미에 물린 후 거미처럼 거미줄을 만들어내거나 공중을 가볍게 옮겨 다니지요. 과연 이것은 가능한 일일까요?

물론 답은 '아니다'일 것입니다. 하지만 중요한 것은 '아니다'라는 결론을 이끌어내기까지의 과정입니다. 스파이더맨은 손바닥에서 거미줄을 만들어냅니다. 그렇다면 스파이더맨의 DNA 속에는 거미줄을 만들어내는 유전자가 함유되어 있어야 합니다. 생명체가 가진 모든 형질은 유전자에서 비롯된 것이기 때문입니다. 장미가 자연 상태에서 파란 꽃을 피울 수 없는 이유는 장미의 DNA 속에는 파란색 색소를 만드는 유전자가 없기 때문입니다. 사람에게는 거미줄을 만드는 유전자가 없기에 거미줄을 만들 수 없습니다.

거미에게 물렸다고 해서 거미의 DNA 속에 있던 거미줄 유전자가 사람에게 전달될 수 있을까?
전달된다 하더라도 그 유전자가 사람의 DNA 속에 유입되어 기능할 가능성은?

첫 번째 의문에 대한 답은 'No'입니다. 어떤 동물이 다른 동물을 물었을 때는 침과 함께 침 속에 포함된 독소나 세균 등이 옮겨갈 수는 있어도 DNA 자체가 옮겨지지는 않습니다. 개에게 물렸다고 개가 되거나 독사에게 물렸다고 뱀이 되지 않는 것처럼요. 개와 독사가 옮기는 것은 광견병 바이러스를 비롯한 바이러스와 세균, 그리고 독소일 뿐 유전자는 아닙니다.

설사 침 속에 세포 몇 개가 떨어져 그 안에 든 DNA가 옮겨진다 해도 이것이 발현되는 것은 거의 불가능하기에 두 번째 의문에 대한 답도 'No'일 것입니다. 인간의 세포 속에는 외부에서 들어온 유전자는 잘게 잘라서 기능하지 못하게 만드는 DNA 절단효소가 존재합니다. 설사 침을 통해 DNA의 일부가 인체 내에 들어왔다고 하더라도 이것이 인체 내 세포에 침투하여 기능하는 것은 거의 불가능합니다.

사실 우리는 살아가면서 엄청난 양의 외부 DNA를 체내로 받아들입니다. 우리가 먹는 채소, 과일, 고기, 생선 등은 모두 세포로 이루어진 생명체이기 때문에 이들을 섭취한다는 것은 이들이 지니고 있는 DNA 역시 체내로 유입된다는 것을 뜻합니다. 하지만 수박을 먹었다고 몸에 초록색 줄무늬가 생기거나 갈치를 먹었다고 피부에 은빛 비늘이 생겨나지 않는 이유는 외부에서 들어온 DNA는 모두 파괴되어 우리가 가지고 있던 DNA에 영향을 미치지 않기 때문입니다.

이런 식으로 사고를 거듭하다 보면 영화 속에서 보여주는 방식을 이용해 거미인간이 만들어진다는 것은 영화적 허구로 봐야 한다는 결론에 도달할 것입니다. 이러한 방식이 바로 과학적이고 합리적인 사고력을 키우는 연습이며, 여기서 한 발 더 나아가 실제 과학자들이 유전자를 유입시켜 돌연변이를 만드는 방법이 무엇이 있는지를 살펴본다면 사고력 훈련뿐 아니라 두뇌 속 지식 창고까지 풍성하게 만드는 일이 될 것입니다.

커피믹스 4개가 당뇨병을 막아줄까?

영화나 드라마가 볼거리에 치중해 지나친 상상력을 발휘하고 있는 것이 마음에 들지 않는다면, 실제 뉴스에서 보도되는 기사를 이용해 사고력 연습을 하는 방법도 있습니다. 실제로 뉴스나 정보 프로그램에서는 과학, 특히 건강과 의학에 관련된 정보들을 매우 많이 제공하는데 자칫 이 정보들은 오해를 불러일으킬 소지가 있기에 이들을 파악하는 연습을 하는 것이 좋습니다.

예를 들어 인터넷 서핑을 하다 '커피가 당뇨병 예방에 도움을 준다'라는 정보를 접했다고 해보죠. 실제 하버드대학교 보건대학원에서 여성 8만 8,000명을 대상으로 수년간 추적 조사한 결과에 따르면, 하루에 커피를 4잔 이상 마시는 여성은 그렇지 않은 여성에 비해 당뇨병 발병률이 50% 가까이 줄어든다고 합니다. 이러한 정보는 평소 카페인에 대한 막연한 공포로 커피를 거부하던 사람이 커피를 다시 보는 계기가 될 수도 있습니다. 특히 직계가족 중에 당뇨 환자가 있어서 고위험군에 속하는 사람이라면 더욱 그럴 가능성이 높아지죠. 어쩌면 그는 따뜻한 음료가 생각날 때마다 마시던 차 대신 커피믹스를 애용하게 될지도 모릅니다. 그렇다면 그는 정말 당뇨에 대한 위험에서 벗어난 것일까요?

이 또한 '아니다'입니다. 만약 누군가가 이 기사를 토대로 하루에 커피믹스를 4개 더 마시게 되었다면 그의 당뇨병 발생 위험률은 이전에 비해 더욱 높아질지도 모릅니다. 왜 이런 결과가 나타날까요? 그건 과학 기사가 대중에게 전달되는 방식이 가지고 있는 구조적 문제 탓입니다.

과학이나 의학에 관련된 기사는 보통 전문저널에 실린 학술 논문을 근거로 하여 작성되기 때문에 정보 자체가 틀리는 경우는 많지 않습니다. 다만 학술 논문이 일반 대중을 위한 기사로 작성될 때는 논문에 실린 방대한 내용 중 극히 일부분만이 취사선택된다는 점에 주목해야 합니다. 어떤 부분이 선택되고 어떤 부분이 누락되는지는 논문을 투고한 이가 직접 보도자료를 만들어 제공하는 경우도 있지만, 이 기사를 작성하는 기자나 편집자의 선택에 의해 선택되는 경우가 더 많습니다. 그리고 이들의 대부분은 해당 분야의 전문가가 아니기 때문에 본의 아닌 오해를 가져올 위험성을 배제하기 힘듭니다.

위 기사의 경우에는 실제 논문에 근거하여 실험을 통해 드러난 커피와 당뇨병의 함수관계를 '옳게' 제시하기는 했지만, 실험에 사용한 커피의 종류를 정확히 밝히지 않아 독자들에게 혼란을 준 경우입니다. 사실 실험에 참가한 이들이 마신 커피는 아무것도 첨가하지 않은 아메리카노였습니다. 하지만 일회용 커피믹스의 경우, 커피 중량보다 설탕과 프림의 비율이 훨씬 높기 때문에 오히려 당(糖) 섭취량을 늘려 커피가 가진 당뇨병 예방 효과를 웃도는 영향을 미칠 수도 있다는 것이죠.

'과학' 하세요!

우리들은 명실공히 과학의 시대에 살고 있습니다. 하지만 과학이 진정 무엇인지, 왜 과학 교육을 중요하게 생각하는지에 대한 이해의 정도는 많이 뒤떨어지는 것이 현실입니다. 과학은 체계적인 합리성의 학문이며, 실질적 증거를 요구하는 학문입니다. 그런 원칙을 중심에 두고 과학 교육의 방향을 설정한다면, 냄비 근성과 부조리함으로 드러나는 우리 사회의 고질적 병폐를 근원적으로 줄일 수 있지 않을까요.

이은희 | 교양으로서 꼭 알아야 할 현대 과학의 성과들을 쉽게 설명해주고, 과학 지식이 지닌 이면을 날카롭게 들추어내는 등 과학의 대중화에 앞장서는 생물학자. '하리하라'라는 이름으로 다양한 매체와 인터넷 카페 등에서 칼럼니스트로 활동하고 있다. 저서로는 『하리하라의 생물학 카페』, 『과학 읽어주는 여자』, 『하리하라의 과학블로그』 등이 있다.

지구과학의 탐구 대상은
시간적으로는 우주의 탄생부터 미래까지,
공간적으로는 저 깊은 땅속 지구의 중심부터
우주의 끝까지 해당합니다.
과거로부터 현재, 미래에 이르는 오랜 시간 동안
발생하는 현상과 과정을 다루는 학문이죠.
멋지지 않나요?

논리를 알면 나도 과학자

| 김기상 |

■　　　여러분은 '과학자' 하면 어떤 이미지가 떠오르나요? 많은 사람들이 과학자 하면 하얀 가운을 입고 실험실에서 화학약품을 섞고 있는 사람이나 어두운 지하실 같은 곳에서 프랑켄슈타인을 만들고 있는 미친 과학자, 아니면 아인슈타인을 이야기합니다. 하지만 과학자는 여러분이 알고 있는 것보다 훨씬 더 다양한 일들을 하며 다양한 이미지를 가지고 있습니다. 그중에는 지구과학 분야, 특히 '지질학'을 연구하는 과학자도 있습니다. 흔히 모자를 쓰고 돌 깨는 망치 하나 들고 야외 탐사를 다니는 사람, 그리

고 영화에 나오는 인디아나 존스 박사 같은 모습으로 연구를 하고 있죠.
오른쪽 사진은 경상남도 고성에 있는 공룡엑스포 주제관 입구에 있는

전시물입니다. 공룡 화석 발굴 현장을 모형으로 만든 것인데요. 〈인디아나 존스〉 영화에서 볼 수 있는 옷차림으로 자료를 찾아내고 있지요. 지질학자와 같은 지구과학자들은 이렇게 편한 복장으로 자연 속의 현장들을 찾아다니면서 연구를 합니다. 여러분이 생각하는 과학자들의 이미지와 비슷한가요?

지구과학은 우리가 살고 있는 지구와 우주의 모든 자연 현상을 통합적으로 탐구하는 학문입니다. 지구와 우주가 어떤 과정을 거쳐 현재까지 이르게 되었는지를 밝혀내는 역사적 연구와, 지구에서 일어났거나 일어나고 있는 현상의 원인이 무엇인지를 밝혀내는 인과적 연구, 이 두 가지로 크게 구분할 수 있습니다.

지구과학의 학문적 정의와 목적에서 드러나듯 지구과학의 탐구 대상은 시간적으로는 우주의 탄생부터 미래까지, 공간적으로는 저 깊은 땅속 지구의 중심부터 우주의 끝까지 해당합니다. 과거로부터 현재, 미래에 이르는 오랜 시간 동안 발생하는 현상과 과정을 다루는 학문이죠. 멋지지 않나요? 하지만 이렇다 보니 우리가 볼 수 있는 실질적인 정보는 굉장히 제한적입니다.

운석 충돌이나 화산폭발과 같은 거대한 규모의 갑작스러운 사건, 풍화작용과 같이 오랜 시간 서서히 진행되는 지질학적 사건들로 지구의 정보들이 사라지는 경우도 아주 많고요. 그래서 마치 범죄수사 드라마인 〈CSI〉처럼 아주 조금 남아 있는 제한적인 증거들로부터 가능한 모든 방법과 논리를 동원하여 그 당시에 일어났던 일들을 추론하는 것이 지구과학자, 특히 지질학자들이 하는 일입니다.

소크라테스가 죽은 이유와 콩의 색깔

이러한 지구과학의 특성 때문에 추론에 이용되는 논리도 과학의 다른 분야와는 조금 다릅니다. 그러면 과학, 지구과학에서는 어떤 논리가 필요할까요? 지금부터 조금 딱딱한 논리 얘기로 들어가 보겠습니다. 하지만 재미있는 이야기이니 함께 살펴보죠.

가장 대표적인 과학적 추론방법인 '연역법 deduction'과 '귀납법 induction'으로 시작할까 합니다.

'연역법'은 '대전제'라는 것이 있습니다. 절대적인 원리, 절대적인 규칙을 말하는 거죠. 예를 들어보겠습니다. 연역법을 설명할 때 가장 많이 쓰이는 예입니다. 우리는 모든 사람이 죽는다는 사실을 알고 있습니다. '모든 사람은 죽는다'를 대전제로 둡니다. '악법도 법이다'라는 말로 잘 알려진 소크라테스도 사람입니다. 이것을 '소전제'로 두죠. 모든 사람은 죽습니다. 그런데 소크라테스는 사람이죠. 따라서 '소크라테스는 죽는다'라는 방식으로 결론을 찾아나가는 것이 연역법입니다. 하나의 대전제가 있고 그로부터 결론을 찾아가는 거죠.

> **대전제** 모든 사람은 죽는다. (원리/규칙)
> **소전제** 소크라테스는 사람이다.
> **결 론** 소크라테스는 죽는다.

그럼 연습을 한번 해봅시다. 어떤 주머니가 있고 '이 주머니에 있는 콩은 모두 하얗다'라는 대전제가 있어요. 이건 절대 변하지 않는 원칙입니다. 이 주머니에서 나온 콩이 하나 있습니다. 자, 그렇다면 이 콩은 무슨 색일까요?

👧 하얀색이요!

 그렇죠. 대전제가 이 주머니에 있는 콩은 모두 하얗다고 했으니까 이 주머니에서 나온, 이 콩은 하얗다. 그게 결론이겠죠? 바로 이것이 연역법입니다.

> **대전제** 이 주머니에 있는 콩은 모두 하얗다.
> **소전제** 콩은 이 주머니에서 나왔다.
> **결 론** 이 콩은 하얗다.

 이번엔 '귀납법'에 대해 이야기해보겠습니다. 귀납법은 연역법과 반대로 볼 수 있습니다. 연역법은 큰 전제로부터 추론하는 반면 귀납법은 반대로 여러 가지 사례들에서 원칙을 찾아갑니다. 예를 들어 소크라테스라는 사람은 죽었습니다. 베토벤이라는 사람도 죽었죠. 세종대왕도 죽었습니다. 여기에 어떤 규칙이 있죠? 이 사람들은 모두 죽은 인물이라는 것입니다. 죽은 자들이 모두 다 사람이구나. 그래서 결론으로 '사람은 모두 죽는다'라는 큰 원칙을 찾아가는 거예요. 여러 사례들을 보고 여기서 공통적인 어떤 결론을 내리는 것이 '귀납법'입니다. 연습 한번 해볼까요?
 큰 주머니가 하나 있습니다. 큰 주머니에서 나온 콩들이 여러 개가 있는데 그 콩들은 전부 하얗습니다. 그러면 여러분들은 어떤 공통점들을 찾을 수 있을까요?

 👦 주머니에서 나온 콩은 모두 하얗다.

맞습니다. 따라서 결론으로 '이 주머니에서 나오는 콩은 모두 하얄 것
이다'라는 규칙을 얻을 수 있는 것입니다. 이것이 귀납법입니다.

> **사 례** 이 주머니에서 꺼낸 콩A는 하얗다.
> 　　　 이 주머니에서 꺼낸 콩B도 하얗다.
> 　　　 이 주머니에서 꺼낸 콩C도 하얗다.
> **공통점** 이 콩들은 모두 하얗다.
> **결　론**(원리/규칙) 이 주머니에서 나오는 콩은 모두 하얗다.

지구과학은 귀추법으로!

연역법은 과학에서 많이 쓰이는 추론법이 아닙니다. '사람은 죽는다'와
같은 절대적인 진리라는 게 자연계에서는 존재하기가 어렵기 때문입니
다. 예를 들어 '까마귀는 모두 까맣다'는 것은 절대적인 진리일까요? 우
리가 여태 보아온 까마귀는 모두 까만색이었지만 어느 날인가 하얀색
까마귀가 발견됐습니다. 그렇다면 대전제는 깨져버리게 되지요.

과학은 항상 모든 사례들을 연구하고, 거기에서 '어떤 원리가 있을
까?', '어떤 규칙이 있을까?'를 찾아서 결론을 찾아가기 때문에 주로 귀
납법을 많이 씁니다.

그러면 지구과학에도 연역법이 아닌 귀납법을 쓸까요? 실은 지구과학
에서는 귀납법을 적용하기에 어려움이 많습니다. 지구과학은 과거로부
터 현재, 미래에 이르기까지 오랜 시간 동안 발생하는 현상과 과정을 다
루기 때문에 우리가 볼 수 있는 정보가 굉장히 제한적입니다. 어떤 현상
에 대한 결과만 있고 그 과정에 대한 정보가 사라져버린 경우가 아주 많
습니다. 그래서 사례를 찾기도 힘들고, 사례로부터 공통점을 찾기도 힘
듭니다. 그래서 지구과학에서는 '귀추법abduction'을 많이 씁니다.

예를 들면, 지구과학에서는 '소크라테스가 죽었다'는 결론만 있어요. 어느 날 보니 소크라테스가 죽은 채 발견된 거죠. 그러면 이 현상을 어떻게 설명할지 단서를 찾아야 하는데, 찾다 보니 '모든 사람은 죽는다'는 원리를 적용할 수 있겠다는 것을 발견하고, 그로부터 '소크라테스는 사람이기 때문에 죽었다'라는 원인을 밝혀낼 수가 있는 것입니다.

보다 실제적인 사례를 들어보겠습니다.

다이아몬드는 탄소로 이루어져 있습니다. 석탄, 연필심, 타고 남은 재와 같은 것이 우리 주변에서 쉽게 찾아볼 수 있는 탄소 물질이죠. 탄소는 굉장히 높은 온도에서 엄청나게 높은 압력을 받으면 다이아몬드가 됩니다. 전세계적으로 다이아몬드 광산이 가장 많이 발달해 있는 남아프리카 공화국. 이곳의 화산 꼭대기 분화구에서 다이아몬드가 발견되었습니다. 온도와 압력이 엄청나게 높은 곳에서 만들어진다는 다이아몬드가 어떻게 산꼭대기에서 발견될 수 있었을까요? 화산 분화구에서 발견된 이 다이아몬드는 대체 어디에서 온 것일까요?

분화구는 온도는 높지만 압력이 낮습니다. 온도와 압력이 동시에 높은 곳은 땅속뿐입니다. 땅속으로 깊이 들어가면 들어갈수록 온도와 압력은 점점 높아집니다. 땅속 아주 깊은 곳, 거의 맨틀■ 가까운 어딘가에서 다이아몬드가 만들어집니다. 땅속 깊은 곳에 있던 물질이 땅 위로 나올 수 있는 방법은 보통 화산이 분출할 때 따라 나오는 것입니다.

마그마가 땅 위로 솟아올라 분출하는 것이 화산이지요. 땅속 깊은 곳에서 다이아몬드가 만들어졌는데, 우연히 그 부근에 있던 마그마가 분출해 땅 위로 솟아오르면서 주변에 있던 다이아몬드가 같이 휩쓸려온 것입니다. 만약 급격히 분출되지 않고 아주 천천히 올라왔다면, 다이아몬드는 온도와 압력이 서서히 낮아지면서 흑연으로 변해버리고 말았을 거예요. 귀추법이란 이렇게 어떤 현상에 대해 설명할 수 있는 원리들을

■ 맨틀(mantle)
지구의 지각과 핵 사이의 부분으로 지표로부터 깊이 30~40km, 해저로부터 5km 정도에서 핵의 상부면, 깊이 약 2,900m까지의 부분을 말한다. 지구 전체면적의 82%, 전 질량의 68%를 차지한다.

찾아 이를 근거로 발생 원인을 찾아가는 추론법입니다.

결과(현상) 남아프리카의 화산 분화구에서 다이아몬드가 발견되었다.
원리 다이아몬드는 탄소로 만들어진다.
탄소는 온도와 압력이 매우 높은 곳에서 다이아몬드가 된다.
원인 다이아몬드가 땅속 깊은 곳에서 만들어진 후 마그마가 급격히 분출될 때 이끌려 땅 위로 나왔을 것이다.

현재는 과거의 열쇠

이제 실제 사진을 보면서 귀추해봅시다. 그 전에 꼭 기억해야 할 문구가 하나 있습니다. "현재는 과거의 열쇠 The present is the key to the past."라는 말입니다. 찰스 라이엘이라는 영국의 지질학자가 했던 아주 유명한 말입니다. 라이엘은 제임스 허튼이 주장했던 '동일과정설 uniformitarianism'을 자신의 책인 『지질학 원리』를 통해 세상에 널리 알렸습니다. 동일과정설을 한마디로 표현한 말이 바로 '현재는 과거의 열쇠'입니다. 지구과학, 특히 지구의 과거를 밝히는 지사학 분야에서 가장 중요한 말입니다.

지구는 46억 살입니다. 46억 살이라니 상상이 가시나요? 위에서 말했듯이 지구과학은 시간적으로 우주와 지구의 생성부터 현재, 그리고 미래까지 연구를 합니다. 공간적으로도 지구의 중심부터 우주의 끝까지 연구를 하지요. 그래서 인간이 연구하는 데 한계가 굉장히 많습니다. 여기서 라이엘이 얘기한, 현재는 과거의 열쇠라는 말이 적용될 수 있는데요. 과거에 어떤 일이 일어났는지를 추론할 때 '현재에 어떤 일이 일어나고 있는가?'를 살펴보고 현재로부터 과거에 일어났던 일을 밝혀낸다는 것입니다. 다시 말해 과거의 사건을 현재의 원리를 적용해서 찾는다는 것이죠. 이 말을 기억하면서, 다음 페이지의 사진을 살펴볼까요?

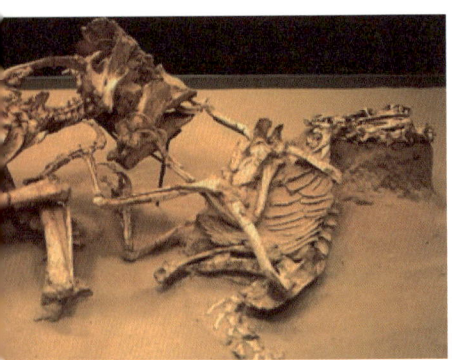

몽골 고비사막에서 발견된 공룡 화석 복원 모형

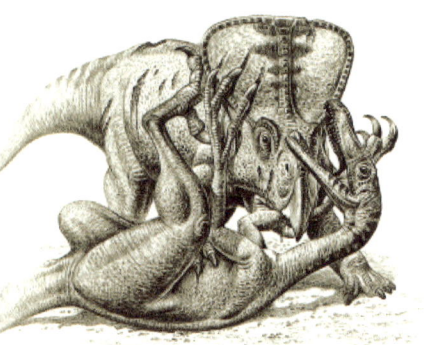

몽골 고비사막에서 발견된 공룡 화석 복원도

몽골에 있는 사막에서 화석이 발견이 되었습니다. 약 8,000만 년 전의 화석이라고 해요. 초식공룡과 육식공룡이 싸우다가 죽어서 화석이 된 것입니다. 위 사진은 화석을 복원한 모형이고, 아래는 이 화석을 바탕으로 보기 쉽게 그려낸 그림입니다. 이 그림을 보면서 귀추법을 이용해 8,000만 년 전에 과연 무슨 일이 일어났는지를 알아봅시다.

먼저 둘 중에 어떤 것이 초식공룡일까요?

 덩치 큰 공룡!

왜 큰 공룡이 초식공룡이라고 생각했죠?

 초식공룡은 대부분 덩치가 크니까요.

초식공룡이 보통 덩치가 크긴 하지만, 육식공룡 중에도 덩치가 큰 녀석들이 꽤 많아요. 또 어떤 점이 초식공룡이라는 것을 표현하고 있을까요?

 꼬리가 짧아서요.
 이빨이 단단해서요.

맞아요. 발톱이 날카롭지 않고 꼬리가 짧네요.

👧 입이 부리 모양이라서요.

네, 맞아요. 입이 새의 부리처럼 생겼죠. 이런 입으로는 고기를 잘 뜯어 먹을 수 없어요. 고기를 먹더라도 잘려 있는 조각들을 주워 먹는 정도밖에는 할 수 없을 겁니다. 지금도 부리를 가진 새들을 보면 주로 나무 열매를 먹거나 작은 곤충이나 벌레를 집어 먹죠. 그다음 발. 발모양도 코끼리나 코뿔소의 발처럼 뭉툭해서 할퀴거나 찢기가 어렵게 생겼습니다. 이 공룡은 무기로 쓸 만하게 생긴 것을 아무것도 가지고 있지 않지요. 그래서 초식공룡이라고 볼 수 있습니다.

그러면 밑에 깔려 있는 것이 육식공룡일 텐데요. 그림을 관찰해보면 송곳니처럼 굉장히 날카로운 이빨이 달려 있는 걸 볼 수 있습니다. 발톱은 꼭 갈고리처럼 생겼죠? 그 발톱으로 초식공룡을 찍고 있잖아요. 이 공룡은 날카로운 발톱과 이빨로 다른 동물을 공격하고 고기를 뜯어 먹을 수 있는 육식공룡입니다.

두 번째 원리를 찾아보죠. 왜 초식공룡이 육식공룡을 공격하고 있었을까요?

👧 육식공룡이 자신을 잡아먹으려고 하니까요.

육식공룡이 잡아먹으려고 덤비니까 방어를 하려고 초식공룡이 공격했다. 이것은 〈동물의 왕국〉과 같은 다큐멘터리를 보면 알 수 있습니다. 아프리카 초원에서 사자나 호랑이, 표범 같은 사나운 육식동물이 코끼리나 얼룩말같이 약한 초식동물을 공격할 때 잘 보면 초식동물도 잡아먹히지 않으려고 저항을 하죠. 우리 속담 중에도 '쥐도 궁지에 몰리면 고양이를 문다'라는 말이 있잖아요.

책이나 다큐멘터리에서 본 것과 같이 현재 일어나고 있는 일들이 과거에도 비슷하게 일어났을 것이라고 추론하는 원리가 동일과정설, 현재는 과거의 열쇠라는 원리입니다. 이 원리에 따라 8,000만 년 전 육식공룡이 초식공룡을 잡아먹으려 하자 초식공룡이 육식공룡을 제압해서 배를 밟고 앞발을 물며 저항하다 갑자기 사막의 모래폭풍이 덮치거나 해서 그대로 흙 속에 파묻혀 화석이 된 것으로 추론할 수 있는 것입니다.

결과(현상) 초식공룡과 육식공룡이 싸우다가 죽어서 화석이 되어 있다. 과연 무슨 일이 일어났던 걸까?

원리 ❶ 초식공룡은 육식공룡은 누구? 왜 그럴까?

❷ 왜 초식 공룡이 육식공룡을 공격하고 있을까?

❸ 초식 공룡이 육식공룡과 싸워서 이길 때는 언제일까?

결론 육식공룡이 초식공룡을 잡아먹으려고 해서 초식 공룡이 육식공룡과 싸워서 이기고 있었다.

자. 그럼 다음 사진을 볼까요? 아래 사진은 마찬가지로 공룡 화석을 복원해놓은 모형입니다. 그런데 앞에서 본 그림과 조금 다릅니다. 어떻게 다를까요?

박치기 공룡, 파키케팔로사우루스

👧 같은 종족끼리 싸우고 있어요.

👧 마음에 드는 암컷을 차지하려고 싸우는 것 같아요.

👧 다른 공룡의 영역에 침범했거나 먹이를 빼앗으려다 싸웠을 것 같아요.

👧 우두머리가 되기 위해 싸우고 있어요.

　맞습니다. 우리 주변에서도 친구나 형제끼리 싸우는 경우가 있죠? 공룡들도 같은 종족이나 친구끼리 싸울 수 있습니다. 하지만 이 장면만 보고 이들이 왜 싸웠는지를 추론하기는 힘듭니다. 더 이상의 정보가 없기 때문이에요. 만약 이 주변에 다른 암컷 공룡이 있었다면 암컷을 차지하기 위해서 싸웠을 거라고 추론할 수 있겠죠. 만약 주변에 먹이가 산더미같이 쌓여 있었다면 먹이를 서로 차지하려고 싸웠다고 이야기할 수도 있을 겁니다. 이런 때 우리는 다양한 이야기를 추론할 수 있습니다. 그러니 박물관에 가면 상상력을 동원해서 이야기를 만들어보세요. 그것이 바로 추론입니다.

　이번에는 야외로 나가볼까요? 다음 페이지 사진은 전라북도 완주군에 있는 신리라는 곳이에요. 도로를 내느라 산을 깎아서 내부 지층이 드러나 있죠. 위로 불룩 솟아 있는 산 모양을 하고 있는데 어떻게 보면 일곱 색깔 띠로 이루어진 무지개처럼 생겼습니다. 여러 줄의 지층들이 구부러져 있는 걸 잘 볼 수 있을 거예요. 퇴적물이 쌓일 때는 종이가 쌓이는 것처럼 평평하게 쌓입니다. 그런데 사진의 지층은 구부러져 있습니다. 평평하게 펼쳐진 종이가 저 지층의 모양처럼 구부러지려면 어떻게 하면 될까요? 양 옆에서 밀면 가운데가 위로 불룩 솟아오른, 구부러진 모양이 되겠죠. 반대로 옆에서 잡아당기면 찢어지거나 끊어질 것입니다. 그러니까 이 지층도 어떤 힘이 양 옆에서 밀어서 가운데가 불룩한 모양으로 구부러진 것입니다.

　거대한 땅, 지층을 과학적으로 밝혀낸다고 할 때 반드시 어려운 원리들을 사용하는 것은 아닙니다. 우리가 알고 있는 상식과 전혀 다른 방식으로 과학적 사건들이 일어날 수는 없다는 말입니다. 예를 들면 물건은 위에서 아래로 떨어지죠? 아래에서 위로 떨어질 수는 없습니다. 이 안에는 중력에 의한 만유인력의 법칙이라는 과학원리가 숨어 있습니다. 현재는 위에서 아래로 떨어지는데 아주 먼 과거에는 아래에서 위로 떨어졌을까요? 그렇진 않았겠죠. 구부러졌으면 누군가 힘을 가해 구부린 거고, 눌리거나 찌그러졌으면 누군가 힘을 가해 누르거나 찌그러뜨린 겁니다.

　이번엔 돌멩이 사진입니다. 오른쪽 사진에서 화살표로 표시한 부분의 돌이 좀 특이하게 생기지 않았나요? 움푹 들어가 있습니다. 돌이라는 건 굉장히 단단한 물체라서 아무리 세게 누른다고 해도 위와 같이 움푹 들어갈 수는 없습니다.

　떡을 한번 떠올려봅시다. 백설기는 벽돌처럼 생겼으니까 백설기를 예

로 들어보죠. 떡을 냉장고에 넣어 놨다 꺼내면 딱딱하죠. 이때 백설기 두 개를 서로 밀면 어떻게 될까요? 서로 그냥 붙어 있겠죠. 하지만 전자레인지에 돌려서 열을 가한 후 말랑말랑해진 백설기를 양쪽에서 밀면 움푹 들어갈 수 있습니다. 돌도 마찬가지입니다. 이 돌에 엄청나게 높은 열이 가해진 거예요. 그래서 암석이 움푹 들어갈 정도로 말랑말랑해진 거죠. 지구 내부에서 어떤 이유로 엄청난 열이 발생하게 되면 그 주변에 있던 돌도 말랑말랑해져서 이렇게 눌리기도 합니다. 여러분들이 혹시 이런 돌을 발견하게 된다면 '아~ 이곳이 굉장히 뜨거웠나보다'라고 생각해도 좋습니다.

아이쿠, 과학자들의 실수

현재로부터 과거를 추론할 수 있다고 해서 항상 정답을 찾을 수 있는 것은 아닙니다. 과학자들도 실수를 하지요.

다음 페이지 화석 사진을 보세요. 과학자들은 처음 이 화석을 발견했

아노말로카리스 화석 일부분

을 때 새우를 닮았다고 생각했습니다. 현재와 비교해 봐도 정말 새우와 닮았지요. 과학자들은 이 화석을 보고 새우와 닮았으니 '새우의 조상이구나', '옛날에도 새우가 있었구나'라고 생각해서 이름을 '아노말로카리스Anomalocaris, 이상한 새우'라고 붙였습니다.

연구를 더 하다 보니 아노말로카리스 주변에서 또 다른 화석이 발견됩니다. 과학자들은 해파리와 닮은 이 화석을 보고는 또 다시 해파리의 조상이라고 판단합니다.

그런데 그 옆에 또 다른 화석이 발견됩니다. 아래 사진을 보세요. 이 화석을 자세히 살펴보면(화살표 부분) 새우같이 생긴 부분, 해파리 같이 생긴 부분이 한 화석 안에 다 들어 있습니다. 그래서 각각 다른 생물인 줄 알았던 것들이 알고 보니 한 생물이었다는 게 밝혀진 거죠. 과학자들이 다른 생물인 줄 알고 각각의 이름을 붙여주고 이상한 새우라는 이름까지 붙여줬는데 알고 보니 한 마리였던 겁니다.

아노말로카리스 화석 전체

이 화석을 복원해보았습니다. 아노말로카리스가 새우같이 생긴 팔(?)로 잡고 있는 게 '삼엽충'입니다. 아노말로카리스의 크기는 거의 1.5m에 달했습니다. 바닷속을 헤엄쳐 다니면서 삼엽충을 잡아먹었던, 지구 최고의 포식자였어요. 해파리처럼 생긴 부분이 입이고, 입을 쫙 벌리면 화석에서 봤던 날카로운 이빨이 나옵니다. 그리고 이상한 새우처럼 생긴 부분은 앞발의 기능을 해

서 삼엽충을 잡아 입으로 가져가는 역할을 했습니다. 한 번 정해진 이름은 바꾸기 힘들기 때문에 이 생물의 이름은 여전히 '이상한 새우, 아노말로카리스'입니다. 불쌍하게도 지구상에 최초로 나타났던 무시무시한 포식자가 '이상한 새우'라는 웃긴 이름을 갖게 된 것입니다.

이처럼 과학적 사실은 새로운 사실이 발견되면 뒤바뀔 수가 있습니다. 과학자들은 꾸준한 관찰과 연구를 통해서 새로운 사실을 발견할 때마다 기존의 의견들을 바꿔나가는 것이죠.

과학자들 때문에 이상한 이름을 갖게 된 억울한 사례를 한 가지 더 보겠습니다. 오비랍토르는 알도둑이라는 뜻입니다. 공룡이지만 키가 1.5m~2m 정도 되니까 작은 편에 속했죠. 날카로운 발톱을 가진 것을 보아 육식공룡임을 알 수 있습니다. 이 공룡의 자취는 주로 공룡의 알둥지 근처에서 발견되었습니다. 작은 크기의, 날카롭긴 하지만 위협적이지 않은 발톱, 새의 부리처럼 생긴 육식공룡이다 보니 주로 다른 공룡의 알을 훔쳐 먹고 사는 공룡이

오비랍토르 복원도

라고 추측한 것이죠.

　알둥지 근처에서 항상 발견되는 작은 육식공룡. 과학자들은 그래서 이 공룡에게 오비랍토르, 알도둑이라는 이름을 지어주었습니다. 그런데 또 다른 화석이 발견되었습니다.

　오비랍토르가 둥지에서 알을 품고 있는 형태의 화석이 발견된 거죠. 닭이나 오리가 알을 품고 있는 모습과 아주 비슷하지요? 이를 복원한 그림이 아래의 그림입니다.

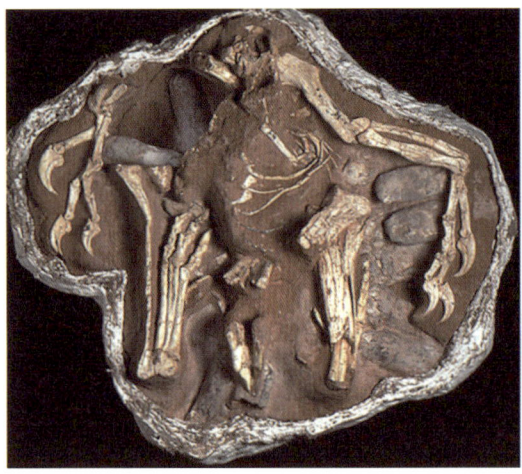
오비랍토르 화석

오비랍토르 화석 복원 모형

　복원을 통해 알아낸 오비랍토르는 둥지에서 자기 알을 품던 공룡이었습니다. '알도둑'에서 '모성애가 깊은 공룡'으로 바뀌었죠. 하지만 이름은 여전히 '알도둑'입니다. 앞으로, 무언가 또 새로운 사실이 발견된다면, 지금의 정의도 달라질 수 있겠지요?

　과학은 절대적인 진리는 아닙니다. 진리를 찾아가는 과정이지요. 맨 처음에 이야기기했던 '까마귀는 까맣다'에서 '까마귀가 모두 까맣지는 않다'로 바뀌는 것처럼, 아노말로카리스는 '이상한 새우'에서 '지구 최초의 포식자'가 되고, 오비랍토르는 알도둑에서 '모성애가 강한 공룡'이 됩니다.

지금 제가 하고 있는 과학 또한 앞으로 여러분들이 과학자가 되어 새로운 발견을 하게 되면 또 다른 내용으로 바뀔 수 있겠지요. 여러분들이 만들어갈 새로운 사실, 새로운 미래를 기대하겠습니다.

참고 오필석, 김찬종(2005), 〈지구과학의 한 탐구 방법으로서 귀추법에 대한 이론적 고찰〉, 한국과학교육학회지, 25권 5호, pp. 610–623

김기상 │ 서울대학교 과학교육을 전공하고 동대 대학원에서 지구과학교육과 박사를 취득했다. 현재 한국과학창의재단 미래융합기획실 연구원으로 있으면서 과학자와 대중의 사이를 잇는 징검다리의 일을 하고 있다.

훌륭한 과학자는 어떤 사람일까요?
진정 사람들을 위해 과학을 연구하고,
공부를 통해 얻은 지식과 재능을 많은 이들에게
도움이 되도록 사용하는 사람 아닐까요.
세상 사람들과 지식을 공유하기 위해서는
소통의 도구를 더 갈고 닦아야 합니다.
그것이 바로 '말'과 '글'입니다.

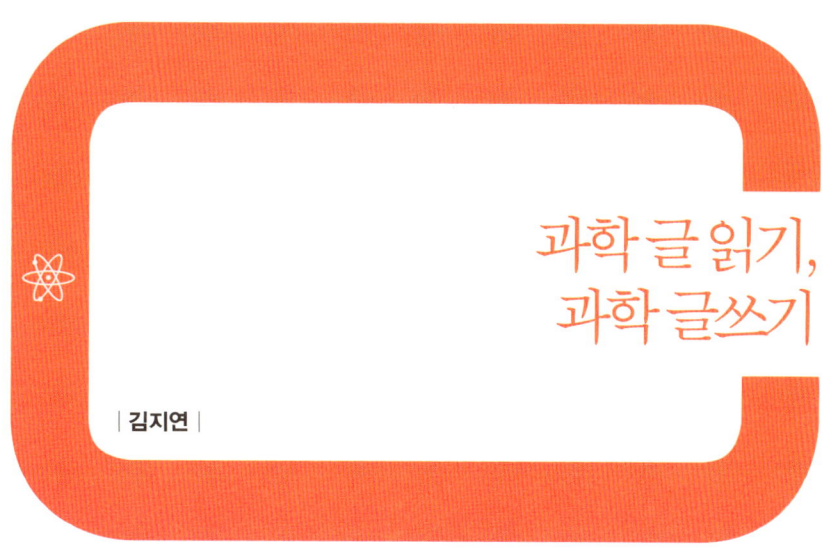

과학 글 읽기, 과학 글쓰기

| 김지연 |

■　　글 읽기와 글쓰기는 어렵습니다. 물론, 우리나라는 문맹률이 세계에서 가장 낮은 나라라고 합니다. 주변을 살펴보면 글을 읽을 수 없는 사람(문맹)보다 읽을 줄 아는 사람(문식)이 더 많지요. 많은 학자들은 그 이유로 '한글의 우수성'을 들기도 하고, 우리나라의 '높은 교육열'을 꼽기도 합니다. 하지만 글자를 읽고 쓸 줄 아는 것과 글을 '잘 읽고 쓰는' 것은 조금 다릅니다. 책에 쓰인 글을 베껴 쓰는 것과 나 스스로 쓰고 싶은 말을 생각하여 문장을 만들어내는 게 다르듯이 말입니다. 그래서 우리는 읽기와 글쓰기를 어렵다고 하는 것이겠지요.

많은 사람들은 단지 글을 읽을 줄 아는 것을 넘어, 잘 읽고 싶어 합니다. 마찬가지로 좀더 좋은 글을 쓰고 싶어 하지요. 그렇다면 글을 잘 읽고 쓰는 건 어떤 것일까요? 그리고 그것이 과학자에게 왜 필요한 것일까요? 여기에선 그것을 생각해보고자 합니다.

무엇을, 왜, 어떻게 읽고 쓸까

본격적인 이야기에 앞서 우리는 평소 무엇을, 왜, 어떻게 읽고 쓰고 있는지 생각해봅시다. '무엇'을 잘 하기 위해서는 그것을 '왜' 해야 하는지, '어떻게' 하는 것이 잘 하는 것인지 알아야 하니까요.

먼저 저는 여러분의 친구들에게 도서관에 가서 자신이 읽고 싶은 책을 자유롭게 골라오라고 했습니다. 친구들은 약 15분 정도 지나 도서관 서가에서 책을 고른 후 다시 돌아왔죠. 제 지시에는 전제 조건이 있었습니다. 그냥 아무 책이 아니라, '읽고 약 2주 후에 과학 독후감을 써보고 싶은 책'을 골라오라고 했죠. 자, 이 친구들이 골라온 책을 가지고 다시 한 번 '무엇을', '왜', '어떻게' 읽고 쓸까를 생각해보도록 합시다.

한 친구가 『친절한 도형』이라는 책을 골라왔습니다. 이 책을 고른 이유

는 표지가 예뻐서일 수도 있고 제목이 흥미로워서일 수도 있습니다. 좀더 깊이 들어가서 목차를 훑어봤거나, 머리말을 읽어봤거나, 아니면 스르륵 책장을 넘겨보고 골랐을 수도 있습니다. 어쩌면 평소 '도형'에 관심이 많았을 수도 있습니다. 그래서 자유롭게 책을 골라오라는 말에 선뜻 '도형'이 들어간 책을 고른 것이죠. 반대일 수도 있겠네요. 평소 도형을 싫어했기 때문에 '친절한 도형'이라는 말에 꾹 참고 이번에 한번 도전해보자!라는 심정이었을 수도 있습니다.

바로 이러한 생각, 그리고 고민, 이것이 바로 우리가 '왜' 책을 읽는가, '왜' 글을 읽는가에 대한 실마리입니다. 이런 이유가 바로 '동기'가 되고, 그 동기는 여러분이 책을 더 잘 읽을 수 있도록 마음에 불쑥불쑥 힘을 넣어주는 역할을 하지요. 내가 선택했고,

내가 읽고 싶었기 때문에 더 열심히 하게 되는 마음 말입니다. 그러니 여러분들은 어려운 책이든 쉬운 책이든 스스로 고민하여 책을 고를 수 있어야 합니다.

마찬가지로 내가 이 책을 어느 기간 동안 읽을지, 읽고 나서 어떤 글을 쓸 것인지도 결정해야 합니다. 물론 숙제로 읽어야 할 경우라면 기한이 있을 수 있고, 읽고 써야 할 글의 종류도 이미 정해져 있을 수 있습니다. 하지만 매일 어느 분량만큼 읽을 것인지, 어디에서 어떻게 읽을 것인지, 어떤 방식으로 독후감을 쓸 것인지는 모두 읽는 사람의 선택에 달려 있습니다. 이 지점부터 우리의 글 읽기가 시작되지요. 물론 여러분이 선택한 책을 끝까지 읽지 않을 수도 있습니다. 그것 역시 여러분의 결정이고 이에 대해서는 순수하게 여러분이 책임져야 할 부분이랍니다.

참고로 페냐크▪라는 학자는 독자의 권리에 대해 일찍이 이런 이야기를 했다고 합니다. 독자에게는 아무 책이나 읽을 권리, 건너뛰며 읽을 권리, 소리 내서 읽을 권리, 아무 데서나 읽을 권리, 끝까지 읽지 않을 권리, 책을 읽지 않을 권리 등이 있다고 말이죠.

여러분들은 각자 한 사람의 어엿한 독자입니다. 그러므로 모두 위와 같은 독자의 권리를 가지고 있지요. 이건, 과학책을 읽을 때도 마찬가지로 적용됩니다.

우리나라의 유명한 작가 가운데 '이상'이라는 분이 있습니다. 아마도 많은 사람들이 알고 있을 거라고 생각합니다. 작가 이상의 이야기를 꺼내는 이유는 지금부터 '과학자에게 왜 글 읽기와 글쓰기 훈련이 필요할까'에 대해 생각해보기 위해서입니다. 이상은 시인이자 소설가로 잘 알려져 있지만 사실은 건축학자였다고 합니다. 작가이기 이전에 과학자였던 것이죠. 이상 외에도 실제 과학자이면서 작가였던 이는 수없이 많습니다. 이 말은 곧, 과학자와 작가가 엄격하게 분리되는 게 아니라는 것

■ 페냐크의 독자의 권리 10

1. 읽지 않을 권리
2. 건너뛰어서 읽을 권리
3. 끝까지 읽지 않을 권리
4. 연거푸 읽을 권리
5. 손에 잡히는 대로 읽을 권리
6. 책 속 인물과 자신을 혼동할 권리
7. 읽는 장소에 구애받지 않을 권리
8. 여기저기 부분적으로 읽을 권리
9. 소리 내어 읽을 권리
10. 읽고 나서 아무 말도 하지않을 권리

이죠. 실제로 많은 과학자들이 책을 쓰고, 또 많은 사람들이 그들의 글을 읽고 있습니다. 과학자라고 해서 보고서와 연구서, 논문과 같이 어려운 수식이 가득한 글만 쓰는 건 아니라는 이야기지요.

또한 과학자들 역시, 이 사회를 살아가는 일원으로서 사람들과 소통하며, 그리고 교류하며 살아가야 합니다. 그러므로 의사소통 도구라고 할 수 있는 말과 글을 잘 닦고 읽고 쓰는 연습을 계속 해야 합니다. 과학 공부는 다른 과목과 마찬가지로 책과 강의, 또는 연구를 통해 이루어지는데 이는 듣기, 말하기, 읽기, 쓰기가 바탕이 됩니다. 바로 음성 언어, 문자 언어를 사용하여 공부한다는 것이죠.

국어 공부가 모든 과목의 기본이 된다는 것, 시험을 잘 보려면 문제를 반복해서 꼼꼼히 읽고 문제의 의도를 잘 파악하면 된다는 이야기를 자주 들어봤을 것입니다. 언어는 우리가 살고 있는 세상을 이해하는 데 필요한 매우 중요한 도구입니다. 과학 공부에 읽고 쓰기 훈련이 필요한 건 바로 이런 이유에서죠.

사실 여기에는 더 중요한 이유가 있습니다. 바로, 과학자들이 열심히 연구하고 또 공부하는 '목표'에 해당하는 이야기입니다. 어쩌면 이건 '10월의 하늘'의 목표와도 맞닿아 있는 것 같습니다. 학생들이 과학을, 과학자를 좀더 친숙하고 가깝게 느낄 수 있도록 하자는 목표 말입니다. 과학은 인간을 좀더 이롭게 하기 위한 학문입니다. 물론 모든 학문들이 그렇겠지만 특히 인간의 삶을 직접적으로 돕고 향상시키는 건 분명 과학의 힘일 것입니다. 그러므로 과학자들은 일반 사람들과 더 많은 소통을 해야만 합니다.

사회가 발전할수록 과학의 각 분야들은 좀더 복잡하고, 더 어려운 이론들이 생겨나겠지요. 좁은 우물 안 개구리가 되지 않으려면, 많은 사람들에게 내 생각을 이해받고 또 이해시킬 수 있어야 합니다. 그래야 다른 분야의 사람들이 우리 과학자들의 연구가 왜 필요한지, 그것이 인류의 삶에 어떤 도움을 줄지 인정하고 도울 수 있기 때문입니다. 그래야 자신의 연구를 이어갈 후대의 과학자들도 생겨날 수 있겠지요.

과학 글쓰기의 여러 방법

과학의 글은 주로 '정보를 전달'하는 글입니다. 연구나 실험을 통해 새롭게 발견한 지식을 담고 있는 글이죠. 그러므로 읽고 감동을 받거나 교훈을 찾는 이야기 글(이런 글을 '문학적인 글' 또는 '문예문'이라고 합니다)과는 다소 성격이 다릅니다. 즉, 『심청전』을 읽고 독후감을 쓰는 것과 『친절한 도형』을 읽고 쓰는 독후감은 조금 다른 글이 될 수 있다는 것입니다. 물론 읽는 방법 또한 달라지겠죠.

　그렇다면 과학 글을 어떻게 읽으면 좋을까요. 먼저 과학에 대한 글이라고 하면 가장 먼저 무엇이 떠오르나요? 과학 교과서, 과학 이론을 설명한 책, 과학자들에 대한 책, 과학자들이 쓴 논문이나 연구서 등이 생각나죠. 이런 책들은 새로운 개념이나 실험 결과 같은 다양한 정보를 포함하고 있습니다. 이런 내용들을 잘 기억하기 위해서는 별도의 전략이 필요합니다. 여기에서는 간단하게 브레인 스토밍, 마인드 맵, 수형도에 대해 살펴보도록 하겠습니다.

1. 브레인스토밍

　브레인스토밍 Brain storming을 글자 그대로 번역하면 '두뇌 폭풍'입니다. 두뇌에서 폭풍이 일어나는 것처럼 새로운 생각을 모락모락 피워내는 작업이죠. 책을 읽으면서 떠오르는 단어를 마구잡이로 쓰면서 읽는 거예요. 빈 공책에 아무렇게나요. 이 방법은 절대 어떠한 한계나 제한을 두어서는 안 됩니다. 마치 두뇌에 폭풍우가 치는 것처럼 자유로운 생각을 마구 해내는 것이죠. 그림을 그려도 되고 질문을 써도 됩니다. 생각나는 문장을 적어도 돼요. 그렇게 하다 보면, 갑자기 새로운 생각이 나기도 하고 번뜩이는 아이디어가 튀어나오기도 한답니다. 우리의 생각은 참으로 희한해서, 실마리가 있으면 더 잘 생각나고 더 좋은 게 떠오르거든요. 이렇게 생각을 열어두는 연습을 하다 보면 좀더 창의적인 독서를 할 수 있습니다.

2. 마인드맵

마인드맵 Mind Map 은 '생각지도 그리기'라고도 합니다. 우리가 책을 읽으면서 전개해나가는 생각을 지도처럼 그리는 것을 말합니다. 책을 다 읽고 나서 이 지도를 보면, 내가 책을 읽으면서 어떠한 개념을 알게 됐는지, 내 생각은 어떻게 꼬리에 꼬리를 물고 발전해 왔는지를 한눈에 볼 수 있습니다. 브레인스토밍보다는 좀더 정리된 방법입니다. 공책 필기나 글을 읽고 줄거리를 요약할 때 마인드맵을 사용해볼 수도 있지요.

이 두 방법을 응용해 볼까요? 먼저 책을 읽으면서 브레인스토밍을 해봅니다. 마구 새로운 단어들이 구름처럼 떠오를 것입니다. 읽은 단어를 무심코 적을 수도 있고, 그걸 통해 떠오른 생각을 쓸 수도 있지요. 예를 들어 도형이라면 삼각형, 삼각형은 트라이앵글, 트라이앵글은 악기 등으로 최대한 많은 생각들을 적어보는 것입니다.

이렇게 나온 생각들은 마인드맵으로 정리합니다. 관련되는 것을 묶고, 또 필요 없는 것은 버리죠. 상당히 풍성한 마인드맵이 그려지겠지요? 아마도 그 과정을 통해 여러분들의 머릿속도 촘촘하게 조직되었을 것입니다. 그 안에 새로 배운 과학 용어을 적어두어도 좋고, 재미나게 본 그림들을 베껴 그려도 좋습니다. 사진 자료를 첨가해도 되고요. 요즘은 인터넷에서도 많은 자료를 찾을 수 있으니 자료를 찾아 덧붙여 봐도

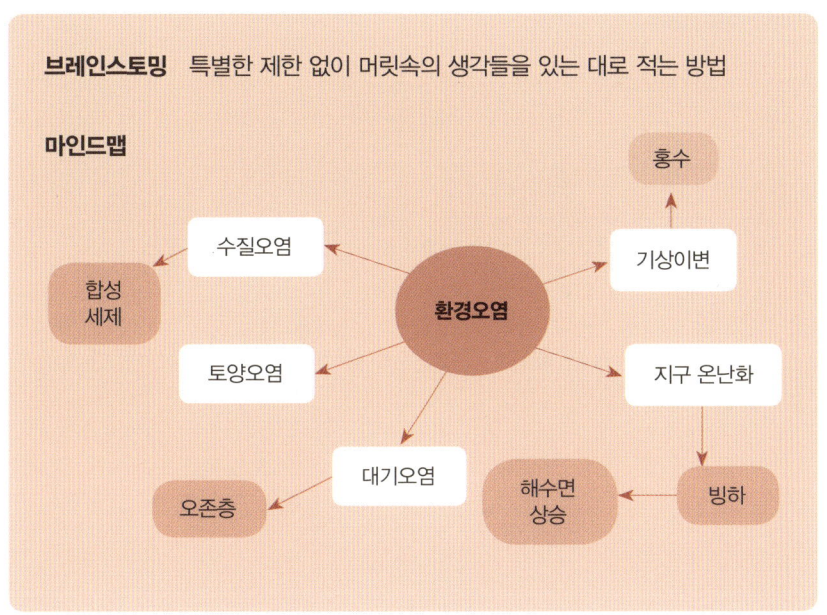

브레인스토밍 특별한 제한 없이 머릿속의 생각들을 있는 대로 적는 방법

마인드맵

좋겠죠. 독후감을 쓰기 위해 마인드맵을 그린다면, 여기에 읽을 책에서 참고할 만한 쪽수를 적어놓아도 좋을 것입니다. 본격적으로 글을 쓸 때 참고할 수 있도록 말이지요.

3. 수형도, 생각나무

마인드맵이 익숙해졌다면 이번에 좀더 조직적인 방법을 써보도록 합니다. 과학자들도 보고서나 논문을 쓸 때 많이 사용하는 방식입니다. 바로 수형도, 생각나무 그리기입니다. 말 그대로 마인드맵에서 한 단계 더 나아가 구조까지 고려해서 그리는 그림이지요.

물론 정답이 있는 것은 아닙니다. 자기 나름대로 더 보기 편하고 기억하기 쉽게 작성하는 것이 중요합니다. 이런 습관을 들이다 보면 내가 읽은 과학책에서 알게 된 정보를 좀더 효과적으로 정리할 수 있지요. 그리고 그것은 곧 나의 지식이 될 것입니다.

생각나무(수형도)

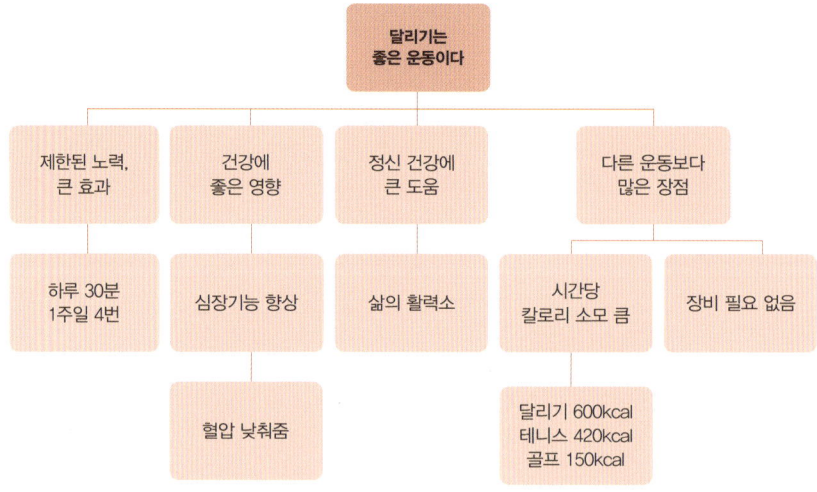

한눈에 볼 수 있게, 정확하게 읽을 수 있게

자, 이번엔 그래프와 도표입니다. 과학책에서 많이 볼 수 있는 장치죠. 숫자를 줄글로 길게 나열하여 쓸 수도 있지만, 실험 결과나 자료들은 한 눈에 볼 수 있도록 정리하는 것이 읽는 사람에게도 쓰는 사람에게도 편리할 것입니다. 소설책과 과학책이 다른 점은 아마도 이런 그래프와 표를 사용하느냐, 그렇지 않느냐의 여부일 수도 있겠네요. 그런 의미로 과학책을 읽을 때, 그래프와 표를 읽는 방법은 매우 중요합니다. 내가 쓰고자 하는 내용을 그래프나 표로 나타내는 것도 중요하고요.

먼저 그래프와 표를 잘 읽기 위해서는 가로, 세로 항목을 잘 살펴보아야 합니다. 가로축과 세로축, 행과 열이 무엇을 나타내는지 파악하고 그 다음 수치들을 살펴봅니다. 그래프는 표보다 더 쉽게 추이를 파악할 수 있는 장치입니다. 수치의 오름세와 내림세를 한눈에 알아볼 수 있지요. 하지만 눈금을 꼼꼼히 읽지 않는다면 수치를 착각할 위험도 있어 그래프 위에 수치를 표시해서 쉽게 알아볼 수 있도록 하면 좋습니다.

만약 대전의 일주일간 기온 변화를 나타낸다면 그래프가 더 적합할 것이고 2011년 10월 29일의 전국 기온 분포를 보여주고 싶다면 표를 사용하는 것이 좋을 것입니다. 어떤 방식이 읽는 사람에게 더 잘 전달될 수 있을지 고민하는 것 역시 글쓴이의 역할이지요.

그래프

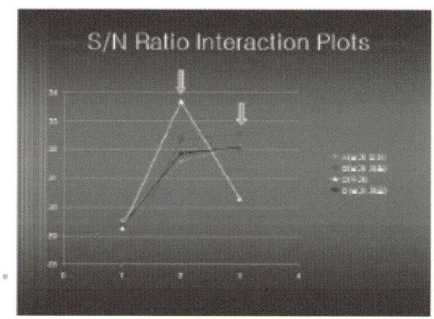

도표

Noise cond.	M1=3m	M2=6m	M3-3m
N1	4.95	6.49	10.21
N2	4.71	6.78	9.66

이번에는 과학 글쓰기에서 가장 주의해야 할 '암호어'에 대한 이야기를 해보고자 합니다. 먼저 아래 문장을 같이 보죠.

여러 날 관찰한 결과, **충분하게** 햇빛을 받은 화분의 잎이 푸른빛을 **더 짙게** 띠고 있었다. **며칠**이 더 지나자 잎은 숫자가 **한층 더 많아졌다.**

이 문장은 강낭콩을 관찰하고 작성한 '관찰기록문'입니다. 언뜻 읽기에는 문제가 없어 보이네요. 하지만 '충분하게', '더 짙게', '며칠', '한층 더 많아졌다'가 어느 정도인지 정확히 알 수 있나요? 과학에 대한 글 즉, 과학 글은 '정보를 전달하는 글'입니다. 무엇보다 정확하고 엄밀한 글쓰기가

글쓴이는 많은 의미를
담아서 전달하려는 핵
심적인 말로 생각하지
만, 막상 읽는 이에게는
본래 의도했던 의미가
제대로 전달되지 못하
는 말.

필요하지요. 위에 언급한 말들을 바로 암호어■라고 합니다. 더 정확한 글을 쓰기 위해서는 이런 암호어를 없애는 훈련을 해야 합니다. 물론 문학적인 글을 쓸 때는 다릅니다. 때에 따라 독자에게 상상의 여지를 주어야 할 때도 있으니까요. 하지만 관찰 기록문이나 실험보고서 같은 글에서는 모호한 표현을 가급적 쓰지 말아야 합니다. 이런 표현을 잡아내기 위해 스스로 연습하는 것도 좋지만 그보다는 친구나 선생님께 글을 읽어 달라고 부탁해서, 어떤 부분이 이해하기 힘들었는지 물어보는 것도 많은 도움이 됩니다. 사실 자기 글을 자기가 읽을 때는 틀린 부분을 찾기 힘들거든요.

끝으로 목차 읽기에 대한 이야기를 해볼까 합니다. 책을 좀더 신중하고 심도 있게 고르려면 목차를 살펴보는 것이 좋습니다. 목차는 책의 지도라 할 수 있습니다. 다시 말해, 그 책을 가장 잘 설명하고 있는 안내서와 같은 부분이지요. 책의 목차를 보면 어떤 내용으로 구성되어 있는지, 어떤 배경지식을 가지고 있어야 하는지 알 수 있죠. 소설책과 같은 문예 글은 목차를 봐도 알 수 없는 경우가 많습니다. 목차를 보고 결말을 짐작하게 되면 되레 김이 빠지니까요. 그래서 작가가 은유적이고 모호한 표현을 사용하여 목차를 만드는 경우가 많습니다. 그러나 과학책과 같

| 목차 읽기 / 쓰기 |

예) 3. 혈액의 순환
　(1) 혈액의 성분과 기능
　(2) 혈액은 어떻게 순환하고 있을까?
　　1) 혈관
　　2) 심장의 구조와 기능

은 정보전달이 목적인 글의 목차는 가장 정확하고 다듬어진 언어로 표현하는 것이 적합합니다.

여러분도 "글을 더 잘 쓰고 싶다", "글을 더 잘 읽고 싶다"라는 생각을 많이 해봤을 겁니다. 그건 아마도 우리 모두 평생 하게 될 고민일지도 모르겠습니다. 삶을 살아가는 것은 배움과 만남의 연속이니 말입니다.

이 강의에서는 과학에 대한 글을 읽고 쓰는 것에 대해 생각해봤습니다. 그 가운데서도 가장 쉽고 편한 것들을 소개해봤는데 어떠셨나요? 계속 연습하고 고민하다 보면, 더 좋은 방법이 떠오를 수도 있을 것입니다.

훌륭한 과학자는 어떤 사람일까요? 제 생각으로는 진정 사람들을 위해 과학을 연구하고, 공부를 통해 내가 얻은 지식과 재능을 많은 이들에게 도움이 되도록 사용하는 사람인 것 같습니다. 그리고 이렇게 세상 사람들과 지식을 공유하기 위해서는 소통의 도구를 더 갈고 닦아야 하겠지요. 바로 그것이 '말'과 '글'입니다.

이 강의를 만난 여러분이 앞으로 더 멋진 과학자가 되기를 소망합니다. 그리고 언젠가 여러분이 쓴 멋진 책을 만나보게 되었으면 좋겠습니다.

김지연 | 고려대학교 국어교육과를 졸업하고 동대학 대학원에서 국어교육학과 석사, 박사를 수료했다. 현재 고려대학교, 홍익대학교, 경인교육대학교 등에서 예비교사들에게 국어를 교육하는 방법을 가르치고 있다. 과학에서 글쓰기의 중요성을 알려줌으로써 대중과 소통하는 과학자, 마음을 움직이는 과학자가 탄생하기를 바라며 읽기, 글쓰기 강연을 기획했다.

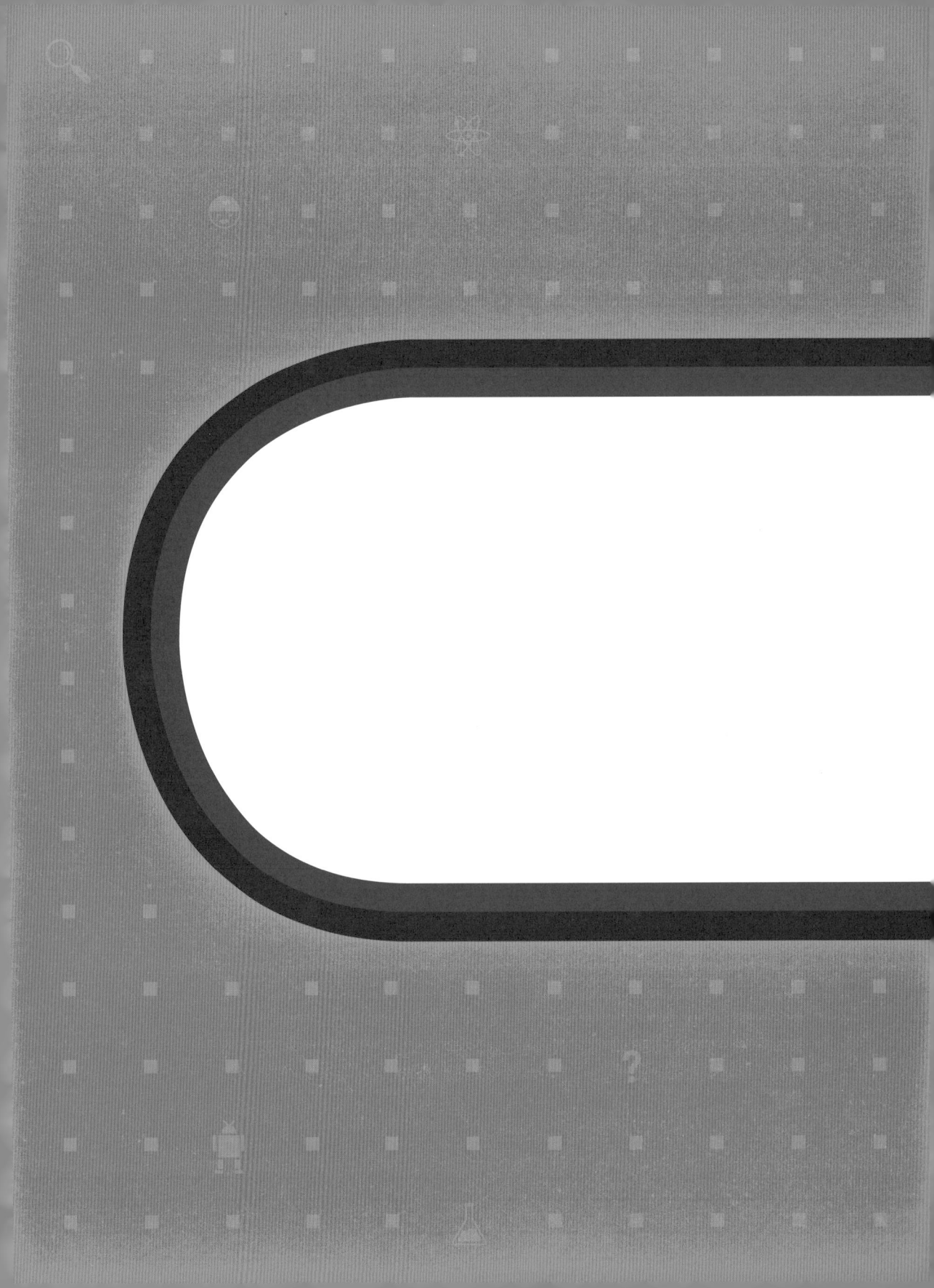

콩닥콩닥 만나기

| 과학자들의 카페 |

2049년이 되면 저는 어떤 모습으로 바뀌어 있을까요.
그리고 여러분은 어떤 모습일까요?
저는 80살이 넘은 할아버지의 모습으로
그때도 소설을 쓸 것 같습니다.
2049년에 『눈먼 시계공』 출간 40주년 모임을 하고도 싶고요.
그 모임에 여러분들이 멋진 과학자가 되어 찾아온다면
참 좋겠습니다.

소설가, 미래를 쓰기 위해 과학을 만나다

| 김탁환 |

저는 경상남도 진해시에서 태어났습니다. 지금은 창원시 진해구로 바뀌었지요. 1995년부터 1998년까지는 고향에 있는 해군사관학교에서 해군 장교로 근무하기도 했습니다. 이순신 장군에 대한 소설 『불멸』은 이 기간 동안 썼습니다.

임진왜란이 1592년에 일어났으니 400년도 넘은 과거의 이야기를 소설로 쓴 것이죠. 제 소설이 원작인 드라마 〈황진이〉와 영화 〈조선명탐정〉도 조선시대 인물과 사건을 다룹니다. 이런 소설을 쓸 때는 어떤 준비들을 해야 할까요?

과거를 쓰다

이 작품들의 주인공은 전부 이미 죽었습니다. 살아 있는 사람이라면 만나서 이것저것 물어보기라도 할 텐데 이 세상에 없으니 대화를 나누는 건 불가능하죠. 이럴 때 저는 책을 읽습니다. 역사적인 자료를 찾아 읽는 겁니다.

만약 발명왕 장영실을 쓴다면 『세종실록』을 읽고 이순신 장군에 관해서는 『이충무공전서』라는 장군의 문집을 읽습니다. 이런 자료를 찾아 읽으면 그 속에서 이미 죽고 없는 인물들의 목소리가 들려옵니다.

역사서를 읽는 것과 함께 꼭 필요한 일은 인물들이 살았던 장소를 답사하는 겁니다. 이순신 장군이 한산도에서 일기를 썼다면, 일기를 읽은 후 혹은 읽으면서 한산도에 가는 거죠. 『난중일기』에서 많이 등장하는 장면 중 하나가 활을 쏘는 겁니다. 구체적으로 어디에서 어떻게 활을 쐈는지 알기 위해선, 배를 타고 한산도에 가서 이순신 장군이 만든 궁터를 둘러보아야 합니다. 활시위를 당겨보면 더욱 좋겠지요.

미래를 쓰다

문득 그런 생각이 들었습니다. '지나간 것만 역사인가. 시간이 과거에서 흘러 현재를 지나 미래로 간다면, 이야기 역시 과거의 것과 현재의 것 그리고 미래의 것을 만들 수 있지 않을까. 과거사가 아닌 미래사를 쓰는 것이 가능할까'.

카이스트 정재승 교수님과 미래를 쓰는 것에 관하여 대화를 나눴습니다. 소설가와 과학자가 힘을 합쳐 가까운 미래를 배경으로 두고 소설을 써보자는 것이었죠.

40년 정도 후의 미래를 시간적 배경으로 정했습니다. 왜 40년 후일까요? 가장 큰 이유는 과학적으로 예측 가능한 시기이기 때문입니다. 저명한 미래학자들의 주장에 기댄다면, 지금으로부터 40년 이내는 어느 정도 예측이 가능한데 그 이상을 넘어가면 '공상'이 된다고 합니다.

제가 과학자의 도움을 받지 않고 그냥 먼 미래에 관한 소설을 쓴다면 어떻게 될까요? 가장 쉬운 방법인 핵폭탄이나 대홍수 이후의 이야기를 선택하겠죠. 대재앙 속에서 살아남은 몇 명의 사람들, 그 생존자들의 이야기를 쓰는 겁니다. 하지만 그 이야긴 과학에 기반한 소설이 되긴 어려울 것입니다.

2049년이면 여러분은 몇 살이 되나요? 저는 지금 40대인데 운동을 열심히 하고 술을 조금 줄이면 2049년에 살아있을 수도 있습니다. 2049년까지 살아남아서 내가 소설 속에 쓴 것과 실제 현실이 얼마나 같고 다른지 비교하면 근사하지 않을까요? 아니면 소설과 미래의 현실이 너무 달라서 크게 낙담하게 될까요? 분명 신기한 경험이 될 것입니다.

2049년을 어떻게 쓸 것인가

과거의 사실은 역사적 자료를 읽고 답사를 하면서 쓰면 되지만 미래는 어떻게 써야 할까요? 쉬운 문제가 아닙니다.

제가 만난 과학자 중 상당수는 미래를 바라보며 살아가고 있었습니다. 약을 만드는 과학자들은 '내가 이 약을 가지고 30년 안에 암을 정복하겠다', 전기 자동차를 만드는 과학자들은 '20년 후에 내가 만든 전기 자동차로 방방곡곡을 다니겠다', 집을 연구하는 과학자들은 '내가 만든 친환경적인 집으로 이 콘크리트 더미 도시를 바꾸겠다'는 식이죠.

저와 정재승 교수는 그 과학자들의 연구 성과와 전망을 하나하나 모아 정리하기 시작했습니다. 2049년에는 어떤 자동차가 나올까, 2049년에는 어떤 집에서 살까 등의 질문을 던지며 미래의 세계를 모자이크처럼 상상하는 것이죠.

또 하나 저희들이 공을 들인 부분은 2049년의 세계를 뉴욕이나 파리나 런던이 아닌 대한민국의 수도 '서울'에 펼쳐 보이려고 한 겁니다. 그동안 미래를 배경으로 한 여러 소설이나 영화를 보면 등장하는 공간들이 대부분 유럽이나 미국의 유명 도시들이었습니다. 발전된 미래가 마치 그들 도시에서만 가능한 착각이 들 정도지요. 우리는 과학자들이 예견한 미래를 서울 곳곳에 배치하기 위해 일 년 남짓 토론을 하고 수정작업을 거쳤습니다. 이를 기반으로 탄생한 책이 바로 『눈먼 시계공』입니다.

미래의 로봇은 어떻게 달라질까?

다양한 변화 중에서 저와 정재승 교수가 주목한 대상이 바로 로봇입니다. 지금도 다양한 로봇이 등장하고 있지요. 40년쯤 지나고 나면 로봇은 얼마나 달라질까요. 『눈먼 시계공』에 등장하는 로봇들을 지금부터 소개해 드리겠습니다.

1. 로봇은 하인이다.

엄마가 가장 좋아하는 로봇은 무엇일까요? 바로 '청소로봇'입니다. 개

구리를 닮은 청소로봇들은 유리창을 닦거나 바닥을 씁니다. 대걸레 로봇도 있습니다. 지금 청소로봇은 전기를 꽂아 충전을 해야 쓸 수 있죠. 하지만 2049년에는 로봇 스스로 광합성 비슷한 움직임을 통해 에너지를 보충합니다. 그러니까 로봇이 청소를 하다 지치면 햇빛이 비치는 곳으로 나가 태양열로 충전하는 거죠. 그래서 전혀 신경 쓸 일이 없습니다.

또 하나 미래의 청소로봇은 주인이 있을 땐 청소를 안 합니다. 시끄러워 주인을 방해하니까요. 주인이 집에서 나가면 '주인이 없구나' 판단하고 열심히 청소를 하는 거죠. 로봇과 인간이 공생하긴 하지만 평소에는 마주칠 일이 없습니다. 청소로봇이 숨어 있으니까요.

이 청소로봇은 '방범로봇'이기도 합니다. 집을 지키다가 누군가 들어오면 주인인지 아닌지 식별하는 프로그램을 가동하고, 일치하는 정도가 50% 이하로 떨어지면 도둑으로 간주하고 공격하는 식입니다.『눈먼 시계공』의 등장인물 중 한 사람은 술을 많이 마시고 귀가했다가, 로봇이 '우리 주인의 냄새가 아니야. 우리 주인의 말투가 아니야'라고 인식해서 공격받기도 합니다.

몇 년 안에 여러분이 만나게 될 로봇도 있습니다. '로봇 레스토랑' 혹시 들어보았나요? 손님을 맞이하고 자리로 안내하고 주문을 받고 음식을 조리하고 손님에게 가져오는 일을 로봇들이 하는 것이죠.『눈먼 시계공』에선 찐빵 모양의 이 로봇이 손님에게 다가가 주문을 받습니다. 손님이 "오므라이스 주세요." 하고 주문하면, 로봇은 다양한 오므라이스를 보여주며 어떤 것을 원하는지 확인합니다.

그 외에도 '간호사 로봇'이 있습니다. 혼자 사는 남자를 위해 라면을 맛있게 끓여주는 로봇도 있지요.

2. 로봇은 스타다.

자, 또 다른 로봇을 봅시다. 아래 그림에 나오는 얼굴은 누굴 닮지 않았나요? 사회 전용 로봇 'MC남'입니다. 로봇인지 사람인지 의견이 분분할 만큼 사람과 흡사하며 놀라운 순발력을 보여주지요.

그 앞을 보면 두 대의 로봇이 처절하게 싸우고 있네요. 이 로봇의 용도는 무엇일까요? 〈리얼스틸〉이라는 영화에도 등장한 로봇입니다.

로봇이 격투기 선수로 시합에 나섭니다. 로봇 격투기에는 경기 규칙이 있습니다. 작은 로봇하고 큰 로봇이 싸우면 안 되니 키는 6m 이하, 기계를 부착해서 싸울 수는 있지만 발사할 수는 없다, 로봇들끼리만 싸우고 뒤에서 조정할 수 없다 등이 미리 확정되지요. 로봇 격투 시합에서 우승하는 로봇은 엄청난 부와 인기를 누리게 됩니다. 즉 로봇이 스타가 되는 것이지요.

스포츠 스타가 되는 로봇뿐만이 아니라 곧바로 연예계에 진출하는 로봇들도 생깁니다. 노래나 연기를 하는 로봇을 2049년에는 어렵지 않게 만날 수 있습니다. 인터뷰를 하기도 하고 영화에 등장해서 연기를 합니다. 로봇만으로 이뤄진 아이돌 그룹을 상상해보세요.

3. 로봇은 나다.

미래에는 사람들의 몸이 기계로 대체되는 시대가 열립니다. 로봇 따로 사람 따로가 아니라 사람이 로봇화되는 경향을 보인다는 것이죠.

미래학자와 로봇공학자 또 인문학자들은 심각한 논의를 시작했지요. 몇 퍼센트까지 기계로 몸을 바꾸는 것을 허락해야 할까. 지나치게 많은 부분을 기계로 바꾼 존재를 사람으로 인정해야 할까. 즉 이런 존재들을 법으로 보호하고 투표권을 줘야 할까. 이런 문제들을 『눈먼 시계공』에서는 인간에서 출발하여 기계몸을 점점 많이 갖게 되는 인물을 등장시켜 살펴봤습니다. 그 외에도 몸의 20퍼센트 이상을 기계로 바꾼 사람들만 따로 출입하는 사이보그 전용 카페도 하나 만들었지요.

지금은 로봇은 로봇이고 나는 나다는 식으로 둘을 무 자르듯 딱 양분하지만, 2049년에는 그 구분이 모호해지고 어느 순간엔 로봇이 바로 내가 아닌가 하는 의문이 들지도 모릅니다.

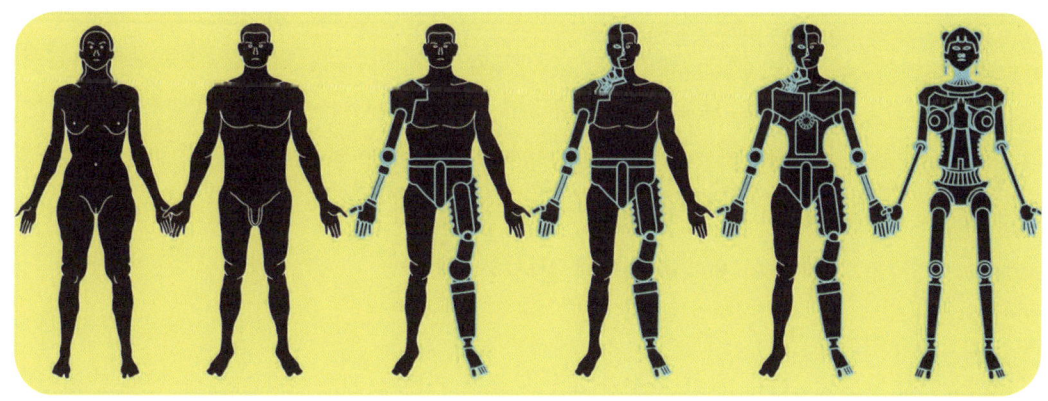

로봇은 인류의 적인가, 친구인가

과학을 기반으로 한 소설이나 영화 혹은 만화를 보면 로봇에 대한 입장이 크게 둘로 나뉩니다.

하나는 로봇은 인류의 적이다! 또 하나는, 로봇은 인류의 친구다!

친구인 줄 알았는데 적이거나, 적인 줄 알았는데 친구로 끝나는 이야기도 물론 있겠지요. 『눈먼 시계공』에서는 로봇에 대한 입장을 둘 중 하나로 정하진 않았습니다. 대신에 인간이 로봇들과 살아가는 다양한 모습을 담아내려고 노력했지요. 앞에서 보았듯이, 여러 가지 용도로 처음부터 만들어진 로봇도 있지만 인간이 점점 로봇에 가까워지는 경향도 발생하니까요. 로봇이 있기에 긍정적인 부분과 부정적인 부분을 같은 시간과 공간에서 함께 다루며 새로운 공생 관계를 상상해보았습니다.

2049년에는 과연 로봇이 인류의 적이 될까요, 친구가 될까요? 답이 정해지진 않았습니다. 지금부터 인류가 어떻게 해나가느냐에 따라 로봇은 인류의 적이 될 수도 있고 친구가 될 수도 있습니다. 로봇을 열심히 연구하는 과학자들의 의견에 따르면 10년 후, 20년 후, 30년 후, 40년 후가 되면 로봇들이 하는 일이 훨씬 다양해진다고 합니다.

인류의 미래를 알고 싶다면 과학을 공부하라!

40년 후가 너무 먼 미래라고요? 맞습니다. 우린 사실 내일 일도 잘 모르잖아요. 내일 일도 모르는데, 지금으로부터 40년 후를 예측하긴 굉장히 힘듭니다. 미래를 알고 싶으면 과학을 공부해야 합니다. 과학자들이 충분한 근거를 가지고 제시하는 미래상을 하나하나 읽고 정리하다 보면 미래의 세계도 그려질 겁니다.

현재 교과 과정은 고등학교에 가면 문과와 이과 중 한 쪽을 택해야만 합니다. 이 때문에 과학은 이과를 선택한 이들만 공부하는 것이라는 편견을 가지기 쉽습니다. 그러나 인류의 미래를 알기 위한 과학 공부는 이과생들만 하는 것이 아닙니다. 문과든 이과든, 미래에 관심이 있는 모든 학생들이 과학을 통해 새로운 세상을 상상했으면 합니다. 궁극적으로는 자기가 풀고 싶은 문제 앞에서 문과와 이과의 벽을 넘어 자유롭게 자료를 읽고 토론하고 다양하게 해답을 표현하는 여러분들이 되었으면 합니다.

　2049년이 되면 저는 어떤 모습으로 바뀌어 있을까요. 그리고 여러분은 어떤 모습일까요? 저는 80살이 넘은 할아버지의 모습으로 그때도 소설을 쓸 것 같습니다. 2049년에 『눈먼 시계공』 출간 40주년 모임을 정재승 교수님과 함께 하고도 싶고요. 그 모임에 여러분들이, 멋진 과학자가 되어 찾아온다면 참 좋겠습니다.

김탁환 | 방대한 자료 조사, 치밀하고 정확한 고증, 거기에 독창적이고 탁월한 상상력을 더하며 우리 역사소설의 새 지평을 연 작가. 세상의 변화와 흐름을 예의주시하며 끊임없이 변신하는 소설가다. 그래서 황진이, 이순신, 혜초 등의 역사적인 인물들을 풍부한 고전 지식과 자료조사를 바탕으로 생생하게 되살려내는 팩션을 쓰는 한편, 과학자 정재승과 함께 장편 『눈먼 시계공』을 신문에 연재하며 사이언스 픽션으로 영역을 확장했다. 장편 소설로 『허균, 최후의 19일』, 『압록강』, 『독도 평전』 등을 펴냈으며 『불멸의 이순신』과 『나, 황진이』는 드라마로 제작되어 방영되기도 했다.

고대 그리스의 자연철학은 신화로부터 출발했지만,
우주 혹은 세계의 자체적 완결성을 꿈꾸며,
그에 대한 논리적 해석의 과정을 꾸준히 걸어
이후 철학과 자연과학의 모태가 되었습니다.
그들의 세계관을 통해,
인간의 이성이 어떻게 신화의 세계에서
철학과 과학의 세계로 나아갔는지 살펴봅니다.

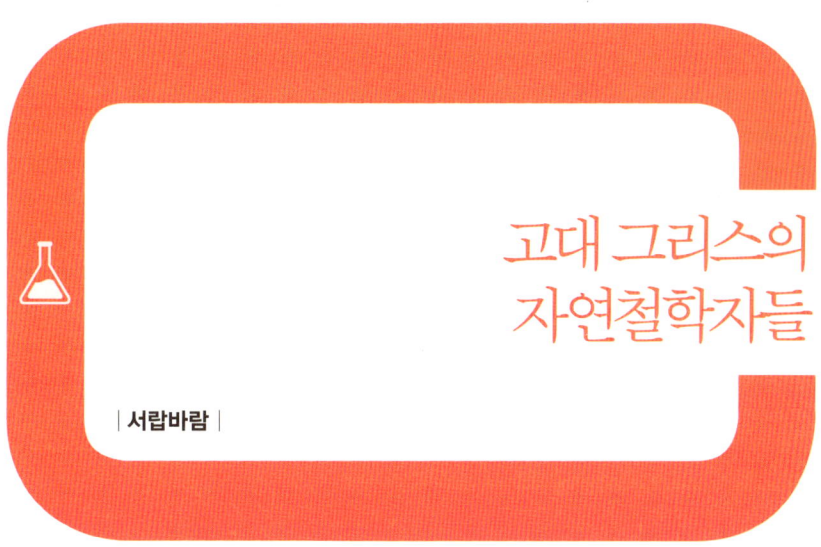

고대 그리스의 자연철학자들

| 서랍바람 |

■　　과학과 기술은 어떤 차이가 있을까요? 기술의 사전적 정의는 '어떤 원리나 지식을 자연적 대상에 적용하여 인간 생활에 유용하도록 만드는 구체적이고 실제적인 수단'을 말합니다. 그리고 과학은 '사물의 현상에 관한 보편적 원리 및 법칙을 알아내고 해명하는 것을 목적으로 하는 지식 체계나 학문'을 의미합니다.

우리는 컴퓨터의 몇 가지 프로그램 사용 방법이나, 에러에 대한 대처 방법 등을 알면 컴퓨터를 사용할 수 있습니다. 컴퓨터 사용에 필요한 '지식'을 가지고 있기 때문이라고 말할 수 있겠죠. 그렇다고 우리가 컴퓨터 작동의 기본 원리를 안다고 할 수는 없습니다. 즉, 기술을 안다는 것이 곧 과학을 아는 것은 아니라는 거죠.

고대의 많은 문명이 1년을 4계절로 나누고, 계절별 별자리를 파악했으며, 바퀴를 발명하고, 전기적 원리를 이용한 도금법을 사용한 것은 기술

의 개발이라고 볼 수 있지만, 그들이 왜 계절별로 별자리가 바뀌고, 둥근 바퀴가 물건을 운반하기 손쉬운지에 대한 기본 원리를 파악하고, 이를 추상화했다고 보기는 어렵습니다. 따라서 이런 고대의 지식은 '과학'이 아니라 기술이라고 해야 할 것입니다.

왜 고대 그리스에서 과학이 시작되었을까?

그리스 이전 시기에도 기술이 발달한 문명은 많이 있었습니다. 그리스 주변만 해도 메소포타미아 문명, 이집트 문명이 있었으며, 페니키아나 소아시아(지금의 터키) 쪽도 당시의 그리스보다 발달한 기술문명을 가지고 있었습니다. 하지만 이런 문명들보다도 뒤에 발달한 그리스가 자연과학을 시작하게 된 이유는 무엇일까요?

이 부분에 대해 학자들은 여러 가지 이유를 듭니다.

첫째, 그리스 민족이 지중해를 중심으로 다양한 민족들과 교류했던 상업 민족이기 때문이라는 주장입니다. 다양한 민족들과 교류하면서 각 민족의 신화를 접하고, 각기 다양한 세계관을 만나면서 보다 열린 사고가 가능해졌고, 이를 통해 자연과학과 철학이 발달했다는 것입니다. 하지만 그리스 이전에 페니키아인들이 먼저 상업 민족으로서 소아시아 연안과 이집트, 나아가 그리스와 이탈리아반도까지 교류의 영역을 확대했다는 사실로 볼 때, 이는 하나의 요인이기는 하더라도 주된 요인이라고까지 할 수는 없다고 보입니다.

둘째는 그리스의 신관이 유일신이 아닌 다신교였던 것이 큰 영향을 끼친 것이라는 주장도 있습니다. 고대 아시아의 종교관은 대부분 민족적 유일신교를 채택하고 있었고, 이러한 유일신교 사상은 세계를 보다 객관적으로 바라보는 데 있어 하나의 장벽으로 작용했다는 주장입니다. 실제로 유럽의 경우 그리스도교의 지배 이래 천 년 가까이 과학과 철학의 발달이 늦어졌던 것도 이에 대한 반례일 수 있겠습니다. 하지만 같은 시기 이슬람교 아래에서 수학이 발달한 것 등을 보면 이것 또한 주된 요인이라고까지 할 수는 없을 것입니다.

어떤 이들은 그리스 고유의 노예제를 기반으로 하는 민주정▪을 그 이유로 꼽습니다. 군주를 인정하지 않고 자유로운 시민들의 공동체를 지향하던 고대 그리스의 정치체제가 다양한 의견과 개인의 자유로운 사고를 가능하게 했다는 것입니다. 더불어 노예제를 통해 노동으로부터 자유로워지자 사변적 고민이 시작된 것이죠. 실제로 고대 그리스 자연철학자들의 생산물은 현실적 필요에 직접 해답이 되는 것은 아니었습니다. 오직 지적 유희로서 자연철학을 연구했다는 다양한 일화들이 이를 반증하고 있습니다.

▪ 민주정
민주정이란 주권은 국민에게 있다는 의미. 그 이전에는 주권이 왕과 귀족 안에 머물러 있던 군주제였지만 고대 그리스의 아테네는 민주정을 정치형태로 채택했다.

철학의 아버지 탈레스

그리스의 소아시아 식민지의 하나였던 밀레토스는 당시 그리스 본토보다 오히려 경제력이나 문화적 수준이 높았던 곳입니다. 잘 발달된 항구를 중심으로 그리스와 에게해의 섬들, 그리고 소아시아와 이집트 등과 활발한 교류를 통해 경제적 부를 쌓고, 다양한 문화 교류의 중심지 역할을 하고 있던 곳이죠. 바로 이곳에서 최초의 철학자 탈레스▪를 중심으로 한 밀레토스 학파가 생겨났습니다.

탈레스를 철학의 아버지라고 하는 것은 그가 최초로 만물의 근원을 신이 아닌 물질로부터 찾으려 했다는 것과, 만물의 운동도 나름대로 일관된 원리를 통해 설명하려 했다는 점입니다. 그는 만물의 근원을 '물'이라 주장했으며, 이 세상도 물 위에 떠있는 것이라고 말했습니다. 지진

▪ 탈레스
고대 그리스 철학자로 '서양철학의 아버지'라고 불린다. 천문학에 조예가 깊어서 기원전 585년에 일어난 일식을 예견했으며 기하학적 방법을 이용해 피라미드 높이를 측정하기도 했다.

이나 계절의 변화도 이를 통해 설명하려 했어요. 그러면 탈레스는 왜 만물의 근원을 물이라 주장했을까요?

먼저 탈레스가 여행했던 이집트의 영향을 많이 받았다는 주장이 있습니다. 이집트의 발달한 관개 농업과 이를 토대로 한 기하학에 깊은 감명을 받은 그가 매년 범람하는 나일강을 보며 물의 힘이야말로 만물을 움직이는 근원이라 주장했다는 것입니다.

둘째로 물은 그 자체로 기체와 액체, 고체의 모든 면을 가지고 있기 때문입니다∎. 지금은 세상의 모든 물질이 기체, 액체, 고체의 상태 중 하나를 유지하고 있다는 것을 거의 모든 사람이 알고 있지만, 이 세 가지 상태를 일상 속에서 모두 보여주는 물질은 물이 유일합니다. (물론 아주 높은 온도나 낮은 온도에서는 다른 물질도 세 가지 상태 모두를 관찰할 수 있지만, 우리가 생활하는 일상적인 온도에서는 관찰할 수 있는 물질이 거의 없어요.)

겨울이 되어 기온이 영하로 떨어지면 물이 어는 모습을 직접 목격할 수 있고, 주전자에서 물이 끓으면 수증기로 변하는 것도 관찰할 수 있습니다. 이렇듯 물질의 기본적인 상태 세 가지를 모두 관찰할 수 있는 물을 다른 물질에 비해 특별하게 보는 것도 나름대로 설득력이 있습니다.

셋째로 당시 사람들은 이 세상을 하늘, 땅, 바다, 인간계 등으로 나누어 사고해왔는데 이 모든 곳에서 항상 발견되는 것이 물이라는 점입니다. 실제로 하늘에서 비나 눈, 혹은 우박 등이 떨어지고 구름이 존재하는 것을 보며, 사람들은 하늘 높은 곳에서 물이 내려왔다고 생각해왔죠. 이런 물이 육지를 적시고, 땅속으로 파고 들어가 지하수를 만들며 살아 있는 생물의 몸속에 들어가서 생명을 유지시키다가 바다로 흘러들어간다고 생각해왔습니다. 따라서 하늘과 땅, 생물과 바다를 모두 연결시켜주는 매개체로서 물은 고대로부터 대단히 중요한 의미를 지닌다 할 수 있지요.

∎ 물질의 상태를 기체, 액체, 고체라는 세 가지 상태로만 설명할 수는 없다. 원자핵이 전자와 유리된 상태로 존재하는 플라즈마 상태도 있고, 고체와 액체의 성질을 같이 가지고 있는 액정이라는 것도 있다.

넷째로는 물이 생명의 근원이라는 점입니다. 누구나 알다시피 모든 생물은 물이 삶의 전제조건입니다. 아무리 건조한 사막에 사는 생물이라도 내부의 대부분은 물로 채워져 있습니다. 물이 생명체의 근원이라는 사실은 고대의 사람들도 잘 알고 있었다고 하네요. 사람이나 생물을 이 세상의 축소판으로 여겼던 고대 사상에 따라, 생물의 근원이 물이듯 이 세상의 근원 또한 물이라고 여겼습니다. 실제로 계절의 변화를 가장 민감하게 느낄 수 있는 것은 비가 오거나, 건조하거나의 차이와 추위, 더위의 차이인데 이러한 변화의 근원이 바로 물이라고 생각했던 것입니다.

물론 탈레스가 앞에서 열거한 여러 가지 이유 중 어떤 이유를 중심으로 생각했는지는 현재 확인이 불가능합니다. 탈레스가 남긴 글은 전혀 존재하지 않고 오직 플라톤이나 아리스토텔레스가 남긴 2차적 자료를 통해서만 그를 알 수 있기 때문이죠. 이러한 글에는 앞서 나열한 이유들에 대해서는 전혀 언급이 없습니다.

하지만 우리가 중요하게 보아야 할 것은 물이라는 용어가 아니라 탈레스가 '처음으로' 만물의 근본적 질료와 운동의 원인을 이성적으로 파악하려 했다는 점입니다. 이 점이 탈레스를 철학의 아버지라고 부르는 이유이기도 하죠.

또한 탈레스는 모든 만물에 영혼이 깃들어 있고, 이 영혼에 의해 만물은 운동을 한다고 주장합니다. 이런 주장을 물활론■이라고 하는데, 이는 고대 종교관인 애니미즘■을 반영한 것입니다. 하지만 애니미즘의 종교적 색채는 옅어지고, 운동의 본성에 대한 본격적인 고민을 시작했다는 점에서 종교로서의 애니미즘에서 한 발 더 철학으로 나아갔다는 평가를 받고 있습니다.

■ 물활론
정신이나 영혼이 물질로부터 구별되기 이전의 초기 철학(질료생명론). 탈레스의 '자석이 쇠를 끌어당기는 것은 영혼을 갖고 있기 때문'이라는 말로 설명된다.

■ 애니미즘
자연계의 모든 사물에 생명이 있다고 보고, 그것의 영혼을 인정하여 인간처럼 의식, 욕구, 느낌 등이 존재한다고 믿는 신앙.

이러한 탈레스의 주장을 전체적으로 보면, 이전의 신화시대의 잔재와 새롭게 열어갈 자연철학의 가능성을 모두 확인할 수 있습니다.

탈레스가 쓰는 단어, 영혼과 물 등은 신화에서 빌린 것들이지만 탈레스가 이 단어를 쓰면서 이들은 새로운 의미를 부여받게 되었습니다. 물론 이후의 철학자들은 개념을 보다 더 정확하게 표현하는 단어를 찾고, 만들면서 자연철학의 체계를 정교히 만들어나갔죠.

탈레스 이후 자연철학의 흐름

1. 밀레토스 학파

밀레토스학파의 다른 철학자인 아낙시만드로스나 아낙시메네스도 탈레스와 비슷한 유형의 고민을 했습니다.

아낙시만드로스는 만물의 단일한 근본재료가 물이 아니라 더욱 근본적이고 일차적인 것이 있다고 주장합니다. 그는 제1실체가 무엇인지에 대해 무한하고 비결정적인 어떤 것apeiron이라고 주장했죠. 그는 이 아페이온이 영원한 운동을 하며, 이 과정에서 아페이온의 다양한 요소들이 분리되어 수많은 개별적 존재들이 나타난다고 보았습니다.

아낙시만드로스의 주장은 이후 플라톤이 말하는 이데아론의 단초를 보여준다는 점에서 철학적으로 대단히 중요한 의미를 가집니다. 또한 '우리들의 인식 너머에 있는 존재에 대한 생각'은 존재론과 인식론이라는 철학의 가장 중요한 부분이 미약하게나마 드러나고 있다는 점에서 주목해야 할 부분이죠.

또한 그는 일종의 진화론의 선구적 이론을 제시하기도 했는데, 모든 생명체는 본디 바다에 살다가 시간이 흐르면서 육지로 나와 살게 되었다고 주장합니다. 인간도 마찬가지로 다른 생명체에서 진화했다고 보죠. 이러한 그의 주장은 신화에서 과학이 분리되고 있는 모습을 보여줄

■ 아낙시만드로스

탈레스의 젊은 제자였으며, 탈레스가 만물의 단일한 근본 재료가 '물'이라고 한 것에 반해 아낙시만드로스는 더욱 근본적이고 1차적인 것을 추구했다.

니다. 물론 그가 진화론의 많은 부분을 보여주지는 못하지만, 애초에 신에 의해 창조된 세계라는 신화적 세계관에서 분리되어 과학적 사고가 본격화되고 있다는 것을 보여줍니다.

아낙시메네스는 아낙시만드로스의 친구로, 그의 아페이온이 모호하고 임의적이라고 생각하여 새로운 만물의 근원으로 '공기'를 제시합니다. 그가 공기를 제시한 이유는, 공기가 지속적인 운동을 하는 무한한 실재라는 개념에 가장 부합한다고 여겼기 때문입니다.

그는 공기의 운동 원리로 '희박'과 '농후'를 제시합니다. 공기가 팽창하면 희박해지는데 이러한 희박함이 온기를 불러들여 불을 만들고 공기가 수축하면 농후해지는데 이러한 농후함이 바람을 만들고, 물을 만들며, 땅을 만들고, 마지막으로 암석이 된다고 주장하지요.

즉, 아낙시메네스는 탈레스에서 보다 발전된 운동의 원리를 보여주려 한 것입니다. 또한 공기 자체가 갖고 있는 기본 속성으로 운동의 원리를 설명하고자 했다는 점에서 존재와 운동의 연관성을 보다 강화시킨 것으로 보이고요.

이러한 밀레토스학파의 흐름을 보면 만물의 근원에 대한 이해가 조금씩 확장되며, 운동의 원리 또한 더욱 구체적이고, 보편적인 경향을 띠게 되는 것을 알 수 있습니다. 결국 탈레스 이후의 밀레토스 학파의 철학자들은 존재 자체에 대한 고민을 더욱 파고들며, 신화의 영역에서 철학과 과학의 영역을 조금씩 더 분명하게 분리시켜나간 것입니다.

■ **아낙시메네스**
아낙시만드로스의 친구로 새로운 만물의 근원을 공기라고 주장한다.

2. 밀레토스 학파 이후의 자연철학자

헤라클레이토스는 변화의 철학자입니다. '같은 강물에 두 번 들어갈 수 없다'는 말로 더 유명하죠. 그는 세상을 구성하는 변하지 않는 그 무엇(원질)은 '불'이라고 주장했습니다. 바다와 땅은 이 영원한 모닥불의 재

이고, 불은 황금과 같아서 마치 우리가 황금을 모든 종류의 물건으로 교환할 수 있듯이 불은 다른 어떤 종류의 요소로도 변화할 수 있다고 말합니다. 그는 세상 모든 변화의 힘으로 '에너지'를 꼽았습니다. 이는 지금 자연과학에서 말하는 변화의 기본 원인과 일맥상통한다는 점에서 더욱 주목해야 합니다. 현재의 자연과학에서는 운동의 원인으로 강력과 약력, 중력과 전자기력을 말하는데 이러한 힘을 형상화하기 힘들었던 당시의 조건으로 본다면, 에너지의 형상화로서 불은 대단히 중요한 의미를 가진다고 할 것입니다.

또한 그는 불과 같은 이 세계가 유일하게 존재하는 세계인데, 이것은 신들이나 인간이 만든 것이 아니라 오직 로고스logos가 지배하는 세계라고 말합니다. 그는 이 우주적인 로고스를 파악하기는 대단히 힘들며 대부분의 사람들이 실패한다고 말하죠. 헤라클레이토스의 로고스는 이후 플라톤의 이데아론에 많은 영향을 주며, 선험적 존재에 대한 그리스인들의 고민이 더욱 깊어지고 있음을 보여줍니다.

또한 우주는 불이 타오르는 단계와 꺼져가는 단계를 오간다고 믿었습니다. 이러한 그의 사상은 동양의 윤회론과도 밀접한 관계를 가지며, 당시 그리스의 철학이 동양사상, 정확하게는 소아시아와 메소포타미아, 이집트에 많은 영향을 받고 있었다는 것을 보여줍니다.

또한 서로 대립되는 상을 통해 여러 가지 현상을 설명하려 했으며, 이는 헤겔 등에서 나타나는 변증법의 시초로 후세의 철학자들에게 많은 영향을 주었습니다.

엠페도클레스는 만물의 기본 요소로 흙, 물, 불, 공기를 생각하고, 만물은 이 네 요소로 되었다고 주장했습니다. 이들 네 개의 원소는 사랑과 미움이라는 두 개의 힘에 의해 기계적으로 혼합 또는 분리되기 때문에 이로부터 만물이 생성된다고 설명했죠. 사랑하는 원소끼리는 서로 결합하지만, 미워하는 원소끼리는 분리된다고 믿었습니다.

그에 따르면, 처음에는 네 원소가 완전히 결합하여 구를 이루어 네 원소의 구별이 없었지만, 점차 미워하는 마음이 강해져서 마침내 네 개로 완전히 갈라졌으며, 사랑하는 힘이 압도하면 본래의 완전한 결합 상태로 되돌아간다고 주장했습니다. 그리고 우주는 네 원소의 결합과 분리가 영원히 반복될 것이라고 믿었죠. 그 힘은 네 원소에 선천적으로 갖추어진 동력인이라고 설명하면서 유물론의 핵심을 전개하는 데 노력을 기울였습니다.

이러한 엠페도클레스의 주장은 세계에 대한 설명에서 명확히 신을 배제하고 있다는 점에서 그리스의 자연철학이 마침내 신화와 완전히 결별하였음을 보여주고 있습니다. 또한 엠페도클레스가 주장하는 물, 불, 흙, 공기라는 네 가지 요소는 실제로는 기체와 액체, 고체와 에너지라는, 실재 존재하는 물질의 네 가지 상태를 상징적으로 보여줍니다. 당시의 기술 수준으로 보았을 때, 이러한 물질의 네 가지 상태를 이런 수준에서나마 기호화할 수 있다는 점은 대단히 높이 사야 할 부분입니다.

3. 데모크리토스 원자론

데모크리토스는 고대 원자론을 완성한 인물입니다. 즉, 이 세계의 모든 물질은 수없이 많은 종류의 원자로 이루어져 있으며, 이 세계는 원자와 텅 빈 공간으로 이루어져 있다고 했죠. 이 원자들은 영원하고 눈에 보이지 않으며 더 이상 나눌 수 없을 만큼 작은데 이러한 원자는 빈 구멍이 없고 자기가 차지하고 있는 공간을 꽉 메우고 있기 때문에 압축할 수도 없다고 주장했습니다.

또한 원자들이 모양, 배열, 위치, 크기만 다를 뿐 성질은 모두 같다고 했으며 원자는 양적으로만 다를 뿐이고 질적인 차이는 없다고 말합니다.

우리가 사물을 볼 때 서로 다른 것은 원자의 본질적 차이에서 온 것이 아니라, 원자의 윤곽과 결합 상태의 차이가 우리 감각에 주는 인상 때문에 생겨나는, 겉보기의 차이에 불과하다는 것입니다. 물건이 뜨겁거나 차거나, 달거나 쓰거나, 딱딱하거나 부드럽게 느껴지는 것은 단지 관습 때문이라고 했습니다. 여기서 관습은 우리의 감각이 느끼는 현상이라고 보면 정확할 것입니다.

그에 따르면 실제로 존재하는 것은 원자와 공간뿐입니다. 이를테면 물의 원자와 쇠의 원자는 동질이지만 물의 원자는 매끄럽고 둥글기 때문에 서로를 고정시키지 못하고 작은 공처럼 굴러다니는 반면, 쇠의 원자는 거칠고 들쭉날쭉하고 울퉁불퉁하기 때문에 서로 맞물려 단단한 덩어리를 이룹니다. 모든 현상은 동질의 영원한 원자로 이루어져 있기 때문에, 절대적인 의미에서는 새로 생겨나거나 사라지는 것은 아무것도 없습니다. 그러나 원자로 이루어진 복합체는 양이 늘어나거나 줄어들 수 있으며, 사물이 나타나거나 사라지는 것 또는 '탄생'과 '죽음'은 바로 이것으로 설명할 수 있게 됩니다.

그는 '원자가 합쳐지기도 하고 떨어지기도 하면서 자연의 모든 변화가 일어난다고도 했습니다. 이와 같은 입장에서 사물의 발달과 문화의 발달을 설명했죠. 원자론을 중심으로 하는 그의 학설은 고대 그리스에 있어서 초기 유물론의 완성인 동시에, 후기 에피크로스학파 및 근세 물리학의 발전에 결정적인 영향을 주었습니다.

그가 주장한 원자론에서 핵심적인 것은 모든 원자가 동등하다는 것입니다. 물론 겉모양의 차이야 있지만 '질'적으로 동일하다는 주장은 사실 고대 세계에서는 대단히 불온한 것이라 할 수 있었어요. 계급적 차이를 인정하지 않는 것, 인간과 그 외 존재들의 차이를 인정하지 않는 것이라는 점에서 대단히 전복적인 주장이었던 것이죠.

그의 원자론에서 또 주목해야 할 것은 그가 물질이 존재하지 않는 빈 공간 즉, 진공의 존재를 주장했다는 점입니다.(이러한 점 때문에 아리스토텔레스는 그의 주장을 대단히 폄하했다고 합니다.) 그는 물질이(원자가) 운동을 하려면 물질이 존재하지 않는 빈 공간이 있어야 한다고 주장하는데, 이러한 그의 주장은 당시 다른 모든 철학자와 반대 입장이었습니다. 실제로 18세기 후반까지도 대부분의 철학자는 물론이고 자연과학자들조차도 우주는 에테르라는 물질로 가득 차 있다고 생각했다는 점을 보면, 그의 이 진공에 대한 주장이 얼마나 선구적인 것인지 알 수 있죠.

이러한 두 가지 점을 중심으로 봤을 때 그의 사상에는 종교가 끼어들 여지가 완전히 차단되어 있었습니다. 따라서 유물론이 가져야 할 가장 기본적인 토대를 그가 고대에 완성했다고 볼 수 있는 것이죠.

4. 고대 그리스 자연철학의 완성, 아리스토텔레스

플라톤의 제자였던 아리스토텔레스는 엠페도클레스의 4원소설을 그대로 인정하고, 물질의 근원을 설명하기 위해 거기에 덧붙여 습함과 건조함, 차가움과 뜨거움의 4개의 성질을 제안했습니다. 각각의 원소는 그중 두 가지 성질이 있다고 생각했죠. 물은 차고 습하지만, 불은 건조하고 뜨겁습니다. 공기는 습하고 뜨거우며, 흙은 건조하고 찹니다. 이것은 4원소가 가지고 있는 4가지 성질 가운데 하나만 바꿔주면 다른 원소로 바뀔 수 있다는 것을 시사하며, 중세 연금술사의 이론적 근거가 되었습니다.

또한 아리스토텔레스는 이들 4원소 사이에는 그 무게에 따라 계급성이 있어서 무거운 원소는 아래로 향하고, 가벼운 원소는 위로 향하게 된다고 생각했습니다. 그래서 가장 가벼운 원소인 불은 가장 높은 곳을 차

■ **아리스토텔레스**
소크라테스, 플라톤과 함께 고대 그리스의 가장 영향력 있는 학자였으며, 그리스 철학이 현재의 서양 철학의 근본을 이루는 데 이바지했다. 물리학, 형이상학, 시, 논리학, 수사학 등 다양한 주제로 책을 썼다.

지하고, 그 아래를 공기, 물, 흙이 차례로 자리 잡게 될 것이라고 보았죠. 이것이 바로 4원소가 원래 차지하고 있어야 할 자리입니다. 그리고 불 저쪽의 우주에는 물론 불보다도 가볍고 더욱 순수한 에테르라는 제5원소가 존재한다고 보았습니다. 제5원소는 가장 완전한 원소이며 따라서 그의 원소설은 지상에는 4원소설이지만, 우주 전체로 따진다면 5원소설이었던 것입니다.

그는 운동을 원소의 본성과 연결시켰습니다. 흙과 물은 무겁기 때문에 본성적으로 우주의 중심을 향해 즉, 지구의 중심을 향해 움직이죠. 공기와 불은 가볍기 때문에 본성적으로 중심에서 멀어지는 방향으로 움직입니다. 따라서 각각의 원소는 우주 속에서 이른바 자연적인 위치를 차지하려고 합니다. 흙은 중심에 있고, 그 주위를 물과 공기와 불의 층이 둘러쌉니다. 하지만 흙과 물, 공기와 불의 층이 우주의 중심을 둘러쌀 때 완벽한 구형이 이루어지지 않죠. 왜냐면 지상이 변화와 불안전한 타락과 위반의 영역이기 때문입니다. 지상에서 사물은 완전하고 불변하며 타락할 수 없는 천상계와 달리 뒤죽박죽인 상태가 됩니다.

따라서 지상의 운동은 상승운동과 하강운동으로 불완전한 운동이며, 천상의 운동은 원운동으로 완벽한 운동이라고 설명하고 있습니다. 이러한 천상의 운동을 하는 주체가 제5원소인 에테르인 것입니다. 이러한 그의 주장의 근본 배경에는 그의 우주관이 자리 잡고 있었습니다. 그는 우

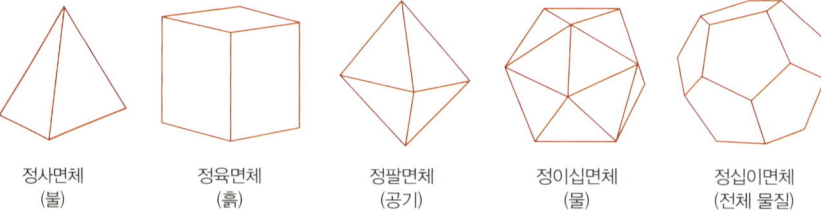

| 정사면체 | 정육면체 | 정팔면체 | 정이십면체 | 정십이면체 |
| (불) | (흙) | (공기) | (물) | (전체 물질) |

주를 지상계와 천상계로 나눴습니다. 지상계는 불완전하여, 천상계의 완전함을 추구하지만 그러지 못하는 세계이며, 천상계는 모든 것이 조화를 이루는 완전한 세상이라고 보았죠. 완전한 천상계의 모든 별과 해와 달은 완전한 구형을 이루고 있으며, 그 운동 또한 완전한 원운동입니다. 하지만 불완전한 지상계는 완전한 원운동을 할 수 없는데 그 이유는 제5원소가 빠진 상태이기 때문이라고 보았습니다. 이러한 아리스토텔레스의 주장은 중세 신학의 사상적 토대가 되며, 또한 봉건제 사회의 계급적 차이, 인간과 인간 이외의 존재 차이를 주장하는 근거가 됩니다.

신화에서 과학의 세계로

고대 그리스의 자연철학은 신화로부터 출발했지만, 우주 혹은 세계의 자체적 완결성을 꿈꾸며, 그에 대한 논리적 해석의 과정을 꾸준히 걸으며, 이후 철학과 자연과학의 모태가 되었습니다. 우리에게 있어서 그들이 주장하는 물, 불, 흙, 공기, 원자, 사랑, 미움, 습함, 건조함 등의 단어에 주목하는 것은 중요한 것이 아닐 것입니다. 오히려 그러한 단어로 상징되는 그들의 세계관을 통해, 인간의 이성이 어떻게 신화의 세계에서 철학과 과학의 세계로 나아갔는지를 살펴보는 것이 더욱 우리의 사고의 깊이를 깊게 만들어줄 것입니다.

서랍바람 | 대학에서 물리학을 전공하다 2001년부터 과학, 수학, 논술을 가르치고 있다. 자연과학과 인문학에 대한 관심으로 혼자 책 보고 공부하다가, 다른 사람들과 나누고 싶어서 현재 '인문학을 위한 자연과학 강의'를 네타스마켓에서 진행하고 있다.

좋은 감정이든 나쁜 감정이든
인간이면 누구나 경험하는 것이기 때문에 피할 수는 없어요.
하지만 어떤 감정을 느꼈을 때,
어떻게 해야 하는지는 여러분 자신에게 달려 있어요.
내 마음의 주인은 나라는 것 잊지 마세요!

마음,
그 신비함에 대하여

| 이원혜 |

■　　저는 정신건강의학과 병원에서 일하는 임상심리학자입니다. 정신 건강의 문제나 적응상의 어려움이 있는 분들을 위해 심리평가와 심리치료를 해드리고 이와 관련된 연구, 교육, 자문 등을 하고 있어요. 지금부터 제가 여러분께 소개해드릴 과학 분야는 바로 제가 공부해온 '심리학'입니다.

심리학은 인간의 마음을 연구하는 학문입니다. 이때, '마음'이란 인간의 생각, 감정, 태도 및 행동 등을 뜻합니다. 심리학자들은 이러한 마음이 무엇인지, 마음은 어떻게 표현되는지, 마음을 움직이게 하는 것은 무엇인지 등을 연구해요.

'기쁨, 슬픔, 분노, 공포, 사랑 이런 감정은 무엇일까?', '불안하면 왜 얼굴이 빨개지고 가슴이 두근거리지?', '아침에 들은 노래를 하루 종일 흥얼거리게 되는 이유는 뭐지?', '공부 잘 하는 친구는 지능도 좋을까?', '쌍둥이들은 습관도 비슷할까?', '세 살 버릇은 정말 여든까지 갈까'······ 심리학에서는 바로 이런 문제를 다룹니다. 아마 '이런 것도 과학이야?' 하며 고개를 갸우뚱 하는 친구들도 있겠죠? 물리학, 생물학, 화학, 천문학, 공학처럼 흔히 들어본 과학 분야와 지금 설명한 심리학은 많이 다르게 느껴질 테니까요.

우리는 일반적으로 자연 현상을 연구하는 학문들을 '과학'이라고 부르죠. 엄격히 말하면 이러한 학문 분야는 자연과학에 해당합니다. 심리학은 인간을 대상으로 한다는 점에서 자연과학과는 다르지만, 실험 연구를 비롯해 확인 가능한 행동에 기초해 연구를 하는 방법 면에서 자연과학과 많이 비슷하답니다. 넓은 의미의 과학이라는 말에는 객관적으로 확인 가능한 방법으로 연구를 하여 얻어진 진리, 법칙, 지식 등이 포함되거든요. 그래서 과학을 자연과학, 사회과학, 인문과학 등으로 구분하죠.

지금부터는 심리학에서 다루는 이 많은 내용 중 우리의 마음을 움직이는 것은 무엇인지 간략히 설명하고, 비슷한 상황에서도 사람들마다 얼마나 다르게 생각하고, 다르게 느끼고, 다르게 행동하는지를 살펴보려고 합니다. 마지막에는 이러한 우리의 마음을 스스로 다스리는 법에 대해서도 다루겠습니다.

마음은 어디에 있을까?

여러분은 마음이 어디에 있다고 생각하세요? 우리는 깜짝 놀랐을 때 '간이 콩알만 해졌다'거나, 지나치게 대범하고 용감한 사람에게 '간도 참 크다'는 표현을 쓰죠. 또 누군가를 사랑하거나 흥분했을 때 '심장이 콩닥콩닥 뛴다'거나 슬프고 고통스러울 때 '가슴이 아프다'라고 말하기도 해요. 심장을 상징하는 하트 모양으로 마음을 나타내기도 하잖아요.

그렇다면 마음은 정말 '간'이나 '심장'에 있을까요?

어떤 감정을 느낄 때 간이나 심장과 같은 신체 기관이 반응을 보이기는 하지만, 이런 것들이 마음을 움직이는 것은 아닙니다. 우리의 생각과 감정, 그에 따라 나오는 신체 반응, 행동은 바로 머릿속에 있는 뇌(두뇌)가 조종합니다. 따라서 마음은 우리의 뇌에 있다고 볼 수 있겠죠.

뇌는 우리의 머리 속에 있습니다. 아주 중요한 기관이기 때문에 머리카락, 두피, 두개골뿐만 아니라 그 속에 있는 여러 겹의 막으로 둘러싸여 보호를 받고 있죠. 뇌 안에 있는 여러 기관과 물질이 서로 신호를 주고받는 복잡한 상호작용을 통해 생각, 감정, 행동을 움직입니다. 뇌가 어떤 기관과 물질로 구성되어 있고, 어떤 역할을 하는지는 중요하지만 내용이 많고 복잡하니 이제부터는 우리의 마음이 어떻게 움직이는지를 중심으로 살펴보도록 하겠습니다.

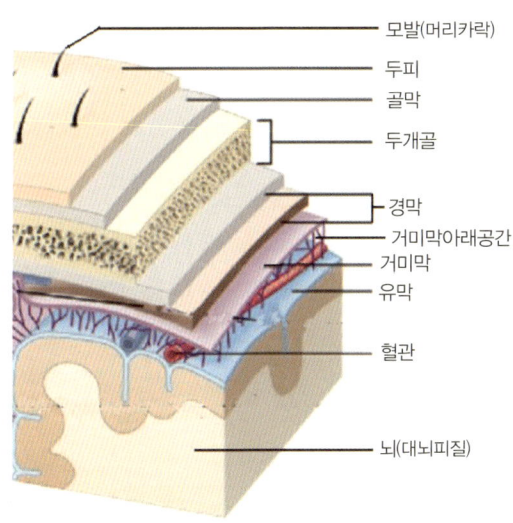

두개골, 뇌막, 그리고 뇌

보이는 것이 전부는 아니야

어떤 상황에서 우리는 어떤 생각이 들기도 하고 어떤 감정을 느끼기도 하고 어떤 행동을 하기도 하죠. 또 어떤 경우에는 신체 반응을 보일 때도 있어요. 하지만 이때 나타나는 생각, 감정, 행동, 신체 반응은 사람마다 다릅니다.

예를 들어 공포나 무서움을 느끼는 상황을 상상해볼까요? 여러분은 어느 상황에서 주로 공포를 느끼세요? 공포 영화를 볼 때, 덩치가 큰 친구가 싸움을 걸어올 때, 발표를 해야 하거나 어두운 방에 들어가야 할 때, 롤러코스터를 타고 높이 올라갈 때……. 이럴 때 우리는 흔히 공포를 느끼죠.

좀 우습게 들릴지 모르겠지만 어렸을 때 제게는 '치과'가 공포의 대상이었어요. 치과에 가야 할 때면, '충치 치료는 너무 아파서 견딜 수가 없을 거야', '마취하다가 영영 안 깨어난 사람도 있다던데' 이런 생각이 들어 무섭기도 하고, '충치가 많다고 치과 선생님께 망신 당하면 어쩌지?'라는 생각이 들어 창피하거나 수치심을 느끼기도 했죠.

이렇게 무섭거나 창피한 감정이 들면 가슴이 두근거리고 얼굴이 빨개지면서 손에 땀이 나기도 하고, 그러면 공포감이나 수치심이 점점 더 심해지고 결국 치과 가는 것을 한참 동안 미뤄두다가 충치가 아주 심해지기도 했어요.

이번에는 화가 날 만한 상황을 한번 생각해볼까요? 최근에 크게 화난 적 있나요? 어떤 상황이었죠? 부모님이나 선생님께 야단맞고 혼날 때 어떤 생각이 드세요? '잘 알지도 못하시면서 만날 나만 혼내서', '내 마음도 몰라주시고'……. 이런 생각이 들면 화가 나고 속상하겠죠.

길을 가다 갑자기 넘어졌을 때 '누군가 나를 골탕 먹이려고 일부러 물을 흘려 놨어'라든가, 친구가 장난을 걸었는데 '나를 얼마나 무시하면

상황 치과에 가기		
생각	**감정**	**신체 반응**
• 엄청 아플 거야 • 마취하다 안 깨어난 사람도 있다던데	• 공포 / 무서움	• 몸이 떨린다 • 가슴이 두근거린다 • 얼굴이 빨개진다 • 손에 땀이 난다 • 머리카락이 쭈뼛 선다
• 충치가 많다고 의사선생님께 망신 당할지도 몰라	• 창피함 / 수치심	
행동 치과에 안 간다, 미룬다…		

저런 장난을 쳐', '번번이 나만 괴롭히는군' 이런 생각이 들어도 몹시 화가 나겠죠.

화가 나면 얼굴이 화끈거리고 숨이 거칠어지거나 몸에 힘이 들어가기도 해요. 화가 났을 때, 어떤 친구는 소리를 지르고 발을 구르거나 욕을 한다든지 물건을 던지기도 하고 심할 때는 상대방을 때리기도 해요. 또 다른 친구는 무표정한 얼굴로 입을 꾹 다물고 있기도 하죠. 상황이나 대상에 따라 화내는 행동이 달라지기도 합니다. 엄마한테 혼났을 때 아무 말 못 하고 꾹 참다가 동생의 사소한 장난에 버럭 소리를 지르며 한 대 때려주기도 하죠.

여러분도 두려움이나 불안감을 느꼈을 때, 화가 나거나 우울했을 때와 같이 어떤 감정이 들었을 때의 상황을 한 가지씩 떠올리면서 다음 표를 작성해보세요.

상황	
생각	
감정	
신체 반응	
행동	

　표를 작성하다 보면 각 상황에서 어떤 감정을 느끼고 어떻게 행동(반응)을 하는가에는 생각이 많은 영향을 미친다는 것을 확인할 수 있을 거예요. 그렇다면 이때 우리가 하는 생각은 사실일까요? 안타깝게도 우리의 생각이나 판단이 사실과 다른 경우도 많아요. "내가 해봐서 아는데"라며 자신의 과거 경험을 생각이나 판단의 근거로 삼아 주장을 펴거나 충고하는 사람들도 있죠. 하지만 우리가 경험한 사실 그대로 받아들이는 것이 아니기 때문에 오히려 합리적인 판단에 방해받는 경우도 있답니다. 지금부터는 실제 상황과 우리의 판단이 얼마나 다를 수 있는지 살펴볼 거예요.

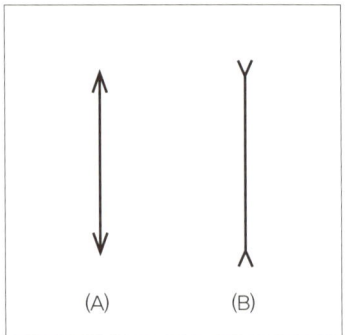
(A) (B)

　왼쪽 그림의 수직선 중 어느 것이 더 길까요?
　대부분의 사람들은 두 수직선 중 그림 (B)가 (A)보다 더 길다고 말합니다. 하지만 실제 두 수직선의 길이는 똑같답니다(자를 갖고 직접 확인해보세요).
　두 개의 수직선의 길이는 동일하지만(사실), 화살표의 방향에 따라 길이가 다르게 보이죠(판단).

이번에는 다른 그림을 보여 드리겠습니다. 아마 많이 봤던 그림일 겁니다. 다음의 그림(C)와 (D)는 각각 무엇으로 보이나요?

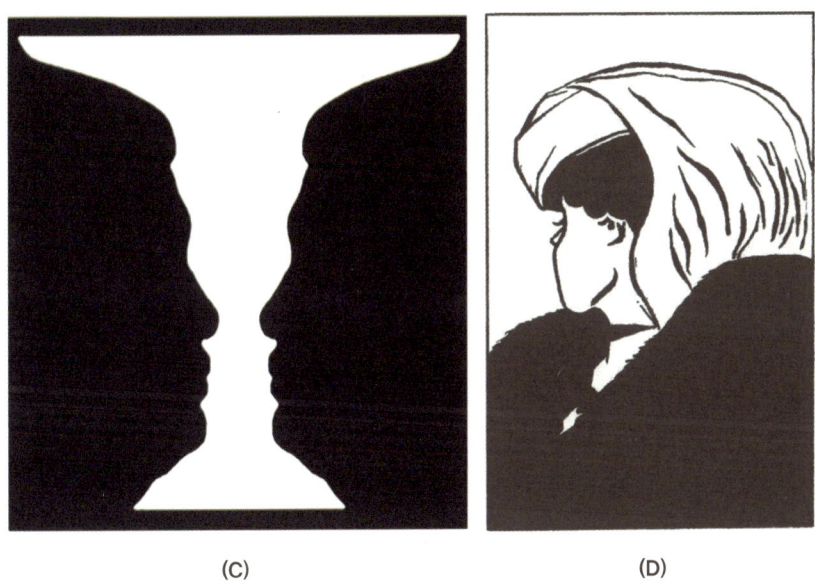

(C)   (D)

어떤 사람은 그림 (C)를 아름다운 장식 컵이라고 말하지만, 어떤 사람은 마주 보고 있는 두 사람의 옆 모습이라고 말합니다. '컵'이라고 말한 사람은 그림의 하얀 부분을 중심으로 본 것이고, '사람 옆 모습'이라고 말한 사람은 그림의 검은색 부분을 중심으로 본 것이죠.

그림 (D)의 경우 대부분의 사람들은 이 그림을 '모피 코트 입은 여성'으로 봅니다. 그런데 어떤 사람은 '고개를 살짝 돌린, 속눈썹이 긴 귀부인'으로, 또 다른 사람은 '매부리 코를 한 노파의 옆 모습'이라고 말합니다.

두 그림 모두 아무 변화가 없지만, 사람들이 어떤 부분에 초점을 맞추느냐에 따라 다르게 보이죠. 일상생활에서 겪는 여러 가지 일들도 마찬가지입니다. 동일한 사건이지만 어떤 맥락, 어떤 위치에서 그 사건을 바

라보느냐에 따라 사람마다 다르게 판단을 내릴 수가 있답니다. 다음의
이야기를 읽어보세요.

장군이는 오늘부터 자기 방에서 혼자 자야 합니다. 새해가 되면 혼자 자
야 한다고 아빠, 엄마께서 몇 번씩 말씀하셨지만, 캄캄한 방에서 혼자
자야 한다는 것은 장군이에게 너무나 무서운 일이에요. 혼자 자고 있는
데, 한밤중에 귀신이나 유령이 나타나면 어떻게 하겠어요? 그래서 장군
이는 매일 같이 별별 핑계를 대고, 애교도 부려 보고 떼도 써가며 지금
까지 부모님과 함께 잤습니다. 하지만 입학식을 마친 뒤 부모님께서 이
제는 초등학생이 되었으니 꼭 혼자 자야 한다며 엄하게 말씀하신 터라,
장군이도 더 이상 버틸 수가 없었습니다. 잠이 들 동안 절대로 자신 곁
을 떠나서도, 불을 꺼서도 안 된다고 엄마한테 몇 번씩 신신당부를 하고
나서야 장군이는 겨우 잠이 들었습니다. 그런데 혼자 자는 것이 낯설어
서일까요. 한밤중에 언뜻 잠에서 깬 장군이는 소스라치게 놀라 "으앙~"
하고 울음을 터뜨렸습니다. 어떤 꼬마 귀신이 서서 자신을 물끄러미 바
라보고 있는 게 아니겠어요! 장군이 울음소리를 들으신 부모님께서 헐
레벌떡 달려오셨죠. "장군아! 무슨 일이야?" 장군이는 너무나 무서워
눈도 제대로 뜨지 못한 채 "귀신이…… 꼬마 귀신이……" 하고 신음소
리를 냈어요. "무슨 소리야. 귀신이 어디 있다
고, 우리 장군이 꿈꾼 모양이구나?" 불을 켜고
달래주시는 부모님 덕분에 안심한 장군이는 눈
을 뜨고 나서 깜짝 놀랐습니다. 장군이가 본 꼬
마 귀신은……

다름 아닌 옷걸이에 걸려 있는 옷과 모자였지
뭐예요!

여러분도 혹시 이야기에 나오는 장군이와 비슷한 경험을 해본 적이 있나요? 옷걸이는 언제나 같은 자리에 있었을 텐데, 혼자 자는 것이 무섭다고 생각한 장군이에게는 옷걸이가 귀신처럼 보였고 공포에 휩싸여 울음을 터뜨렸죠. 하지만 침대 곁에 서 있는 것이 단지 옷걸이라는 것을 알게 되면서부터 무서움은 단박에 사라지게 돼요.

동일한 상황에서 생각에 따라 감정이 얼마나 달라지는지 다른 예를 들어볼게요.

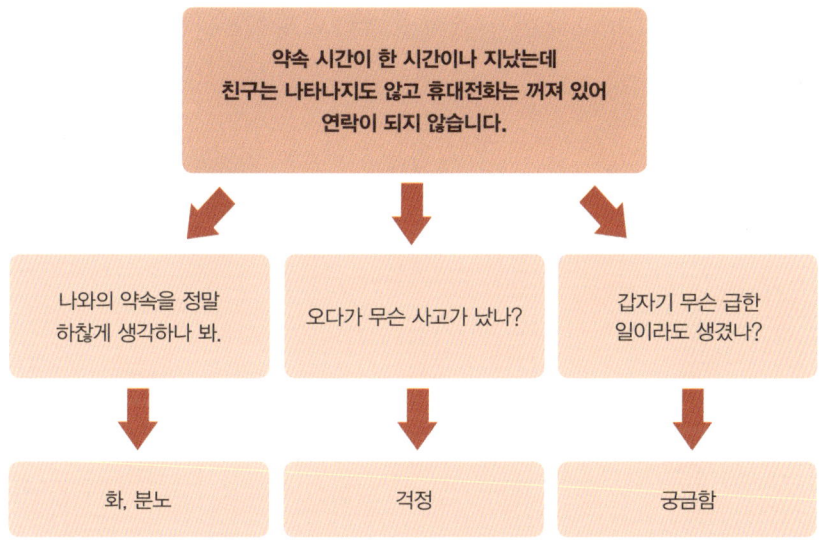

그러니까 좋지 않은 생각, 갖고 싶지 않은 감정, 하고 싶지 않은 행동을 어느 정도는 스스로 바꿀 수 있어요. 다음 장에서는 마음을 스스로 다스리는 방법에 대해서 살펴볼 거예요.

내 마음의 주인은 나

불안이나 공포를 느끼게 하는 상황을 다시 한 번 생각해볼까요? 시험이

나 발표를 앞둔 상황을 상상해보세요. 발표할 때 불안을 느끼게 하는 여러 가지 생각이 떠오를 텐데, 다음의 표와 같이 안심할 수 있는 방향으로 생각을 바꿔보는 거예요(생각 바꾸기). 발표하는 상황은 변하지 않지만, 생각이 바뀌면 불안감이 줄어들 수 있거든요.

  불안을 줄일 수 있도록 생각을 바꾸는 방법 외에 행동을 먼저 바꾸는 것도 도움이 돼요(행동 바꾸기). 불안한 사람들은 걱정스러운 생각에만 몰두할 뿐, 정작 그것을 해결할 준비나 행동은 별로 하지 않는 특징이 있어요. 하지만 걱정될 만한 일을 대비할 수 있는 행동을 미리 해놓으면 불안감이 가라앉기도 해요. 아래에는 불안을 줄여주는 생각 바꾸기와 행동 바꾸기의 예를 정리해 놓았어요.

불안을 느끼게 하는 생각	생각 바꾸기
• 발표를 제대로 못해서 망신 당할 거야 • 말을 더듬거나 얼굴 빨개지는 것을 보고 친구들이 놀릴지 몰라	• 아이들은 다른 사람 발표에 별로 신경 안 쓸 거야 • 내가 어떻게 발표했는지 기억하는 애가 몇이나 되겠어?
• 머릿속이 하얗게 되고 아무 생각도 안 나면 어떻게 해?	• 중요한 내용은 손바닥에 써놓고 살짝 보면서 하면 돼
• 수행 평가 점수를 못 받으면 엄마한테 혼날 텐데……	• 말을 좀 더듬고 떨어도 내용이 좋으면 수행 평가 점수를 잘 받을 수 있을 거야

행동 바꾸기	효과
• 계획을 세우고 충분히 연습을 한다	• 안심하여 발표 때 실수를 줄여줌
• 발표할 순서, 중요한 내용을 메모지에 적어 두었다가 발표할 때 참고한다	• 생각 안 날 것에 대한 두려움 감소
• 발표할 내용에만 계속 집중하기	• 다른 걱정이 끼어들 틈이 없음
• 주문 외우기 (예: 수리수리마수리 등) • 스스로를 격려하고 용기를 북돋는 말 (예: '잘 끝날 거야', '할 수 있어' 등)	• 마음이 차분히 가라앉음

화가 나는 상황에서도 행동 바꾸기는 도움이 돼요. 친구가 놀릴 때, 엄마에게 혼이 났을 때 화가 나는 것은 어찌 보면 자연스러운 감정일 수 있어요. 하지만 화가 났을 때 어떻게 행동하느냐에 따라 결과가 달라지므로 아주 중요해요. 다음 표에는 친구가 놀려서 화가 났을 때 할 수 있는 몇 가지 행동과 그에 대한 결과를 적어 놓았어요. 아무 마찰 없이 화가 난 기분을 풀 수 있는 행동을 하는 것이 유익하겠죠?

행동	결과
• 놀리는 친구를 때리고 욕한다	• 더 큰 싸움이 벌어진다
• 울어버린다	• 친구가 울보라고 더 놀린다
• 관심 없는 듯 "그래서 뭐?" 한마디 하고 그 자리를 떠난다	• 친구가 민망해하며 더 이상 놀리지 않는다
• 친구에게 해주고 싶은 욕을 종이에 쓴 후 찢어 버린다 • 베개를 놀린 친구라 생각하고 주먹으로 친다 • 화난 감정을 그림으로 그린다	• 친구를 다치게 하거나 관계를 해치지 않으면서 화난 기분을 풀 수 있다
• 부모님이나 형제, 자매에게 그 친구와의 일을 이야기한다	• 위로를 받으며 화난 기분이 풀린다

감정을 다스리는 또 다른 방법으로 '신체 반응'을 조절하는 것이 있습니다. 복식호흡이라는 특별한 숨쉬기 방법은 긴장이나 흥분한 기분을 가라앉히고 안정감을 얻는 데 특히 도움이 돼요. 지금부터 복식호흡 하는 방법을 알려드릴게요.

우선 평소처럼 숨을 쉬면서 여러분이 어떻게 숨을 쉬는지 느껴보세요. 숨을 쉬는 동안 가슴이 커졌다 작아졌다 할 거예요. 우리가 가슴 근육과 갈비뼈를 넓게 벌리고 허파에 공기를 불어 넣으면서 숨을 쉬기 때문이죠. 이러한 호흡 방법을 '가슴 숨쉬기(흉식호흡)'라고 해요. 복식호흡은 가슴이 아니라 아랫배의 근육을 이용해 숨을 쉬는 거예요. 매일 잠자기 전에 아래 설명해놓은 복식호흡을 10분 정도 연습하면 긴장되거나 불안해질 때 쉽게 활용할 수 있을 거예요.

① 편한 자세로 눕거나 의자에 앉아 온몸에 힘을 빼세요.

② 배를 불룩하게 내밀면서 코로 천천히 숨을 들이 마시세요.

③ 허파 깊숙이 공기가 들어갈 수 있도록 3~5초 정도 숨을 잠시 참아보세요.

④ 천천히 배를 집어넣으면서 숨을 내쉬세요. 숨을 완전히 토해내야 합니다.

⑤ 편안하게 숨을 쉬는 동안 머릿속으로 기분 좋은 장면(예를 들면, 가족들과 나들이를 가는 장면, 시원한 바닷가에서 물놀이 하는 장면, 산꼭대기에 올라 주변 경치를 즐기며 땀을 식히는 장면 등)을 계속 떠올려보세요.

⑥ 마지막으로 복식호흡을 하는 동안 어깨를 위, 아래로 움직이지 않도록 유의하세요.

좋은 감정이든 나쁜 감정이든 인간이면 누구나 경험하는 것이기 때문에 피할 수는 없어요. 하지만 어떤 감정을 느꼈을 때, 어떻게 해야 하는지는 여러분 자신에게 달려 있어요. 내 마음의 주인은 나라는 것 잊지 마세요!

이원혜 | 고려대학교 심리학과와 동대학원을 졸업하고 현재 경희대학교병원 정신건강의학과 임상심리전문가 및 서울여자대학교특수치료전문대학원 겸임교수로 재직중인 심리학자다. 마음의 과학, 심리학을 바탕으로 인간 행동의 다양한 원리를 어린이들에게 소개해주고 싶어 10월의 하늘에 참여하고 있다.

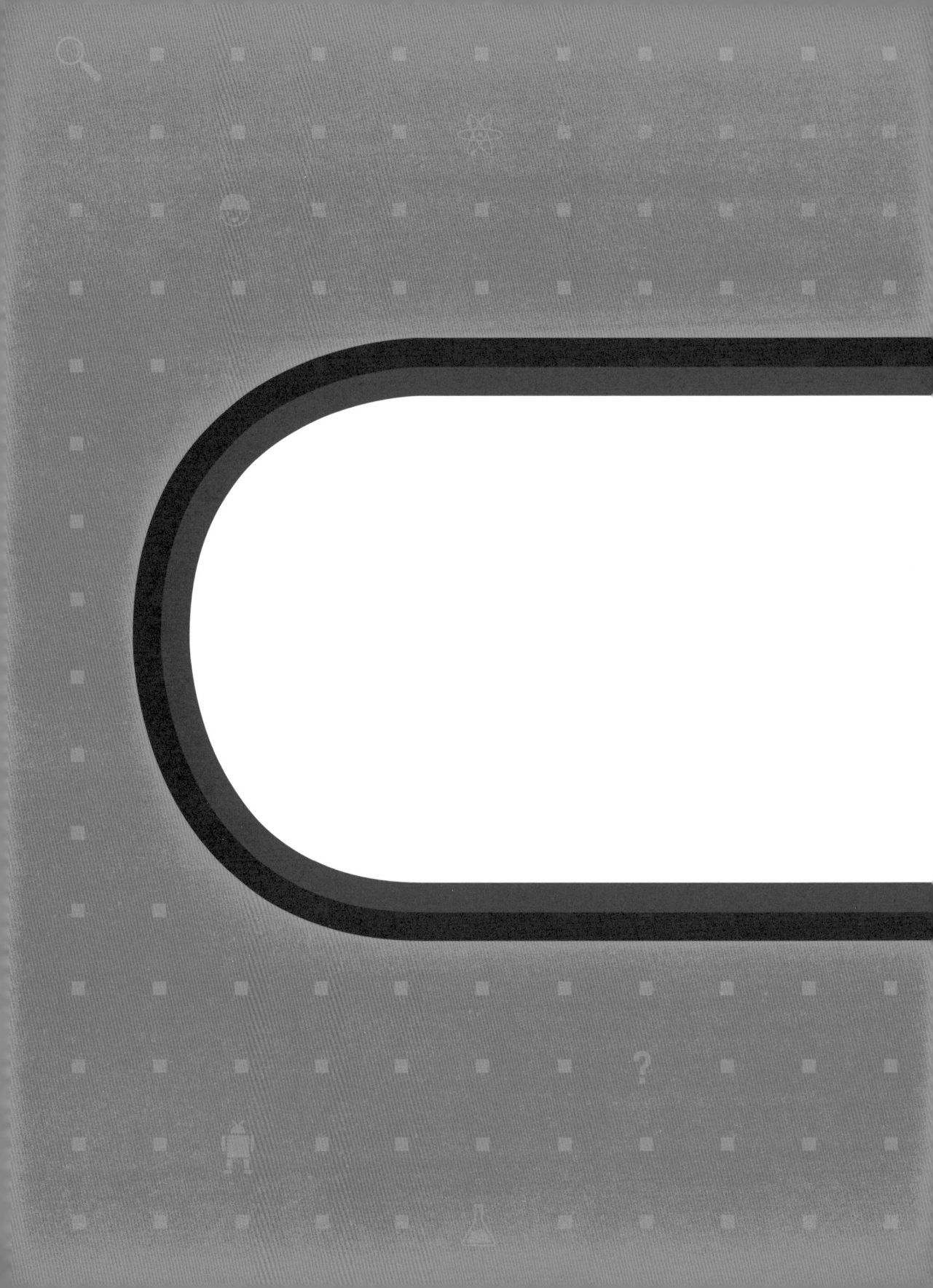

살금살금 다가가 만져보기

|과학 해부실험실|

릴라는 외할머니를 찾고 있어요.
그냥 외할머니가 아니라, 외할머니의 외할머니의 외할머니의……
이렇게 계속 거슬러 올라가면 과연 누가 나올지 궁금해졌어요.
지금부터 우리가 릴라의 조상을 찾는 모험을 함께 하려고 합니다.
이 모험은 우리 인류의 친척과 조상을 만나는
새로운 모험과도 같을 것입니다.

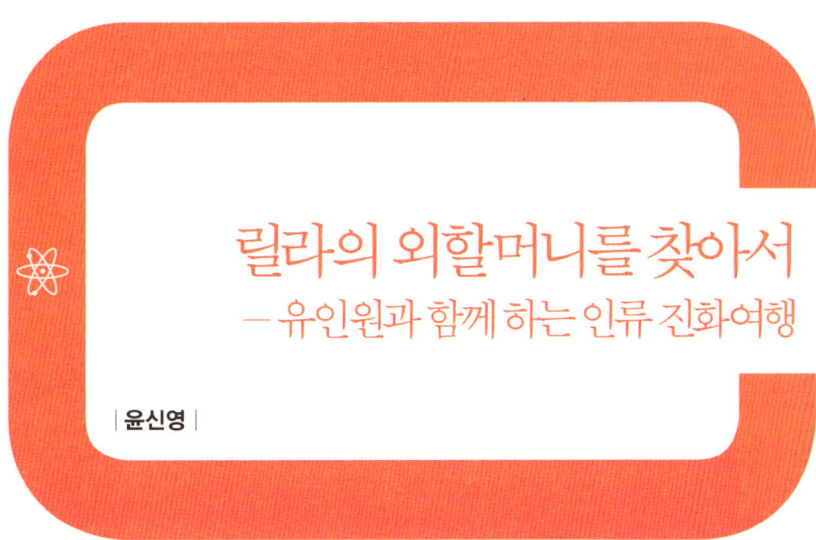

릴라의 외할머니를 찾아서
— 유인원과 함께 하는 인류 진화여행

| 윤신영 |

■　　　릴라는 이번 강연을 위해 제가 만든 가상의 아기 고릴라 이름이에요. 나이는 2살이고, 험상궂은 외모와는 달리 꿈 많은 여자아이랍니다. 아프리카 서부 콩고와 카메룬에 사는 '서부 저지대 고릴라' 종으로, 현재 남아 있는 5개 고릴라 아종(종보다 작은, 지역에 따라 갈라진 종의 개념. 지역종)의 하나예요. 전세계에 10만여 마리밖에 남지 않은 멸종위기 종이기도 하죠. 왜 하필 서부 저지대 고릴라가 주인공이 됐는지는 나중에 알려 드리겠습니다.

지금 릴라는 외할머니를 찾고 있어요. 외할머니라고 하면 릴라 엄마의 엄마죠. 쉽게 찾을 수 있을 것 같은데 왜 찾지 못해 야단일까요. 릴라는 보기보다 생각이 깊고 상상력이 풍부한 고릴라입니다. 그냥 외할머니가 아니라, 외할머니의 외할머니의 외할머니의 외할머니…… 이런 식으로 계속 거슬러 올라가면 과연 누가 나올지 궁금해졌어요. 다시 말해 조상이 궁금한 거죠. 하지만 릴라는 아직 어리고 힘이 없어 조상을 찾는

여행을 할 수 없어요. 그래서 지금부터 우리가 릴라의 조상을 찾는 모험을 함께 하려고 합니다.

　여기서 잠깐. "우리가 왜 굳이 고릴라의 조상을 찾아줘야 하나요?" 하고 궁금해하는 독자들도 있을 겁니다. 결론부터 말씀 드릴게요. 고릴라의 조상을 찾다 보면 바로 우리 인류의 조상 역시 만날 수 있기 때문입니다. 다시 말해, 릴라의 외할머니의 외할머니……를 찾는 모험은 바로 우리의 외할머니의 외할머니……를 찾는 모험과 아주 비슷하다는 것이죠. 그래서 강의 전반부에서 여러분은 릴라의 외할머니를 찾아 모험을 하고, 후반부에는 우리 인류의 친척과 조상을 만나는 새로운 모험을 떠나게 될 거예요.

　모험을 시작하기 전에 먼저 주의사항을 말씀 드리겠습니다. 릴라와 함께 하는 여러분은 세 가지를 마음속에 잘 새겨 둬야 해요. 첫째, 해골이 몇 개 나와요. 무서운 그림을 싫어하는 독자들은 마음 준비를 단단히 하세요. 둘째, 상상을 초월하는 연도에 주의하세요. 수십 수백만 년 전 정도는 가뿐하게 넘어가거든요. 수천만 년이 넘는 연도도 나올 거예요. 상상하기 어렵다고요? 하지만 이 정도도 지구생물 전체의 역사로 보면 아주 일부에 불과하답니다. 셋째, 이름이 아주 이상한 종들이 나올 거예요. 생물의 공식적인 종 이름은 라틴어라고 하는 학술 언어로 지어진답니다. 옛날 로마시대 때 쓰던 말인데, 그래서 '호모 에르가스테르', '오스트랄로피테쿠스 아파렌시스' 등 요상하고 긴 이름이 됐어요. '오스트랄로피테쿠스 아나멘시스' 등 비슷한 이름도 있어서 헷갈리기도 쉽지요. 그래서 되도록 이름을 많이 소개하지는 않을 예정이에요. 중요한 것은 조상을 어디에서 어떻게 찾느냐지, 이름이 아니니까요.

　자, 그럼 본격적으로 릴라의 외할머니를 찾는 모험을 시작해보겠습니다.

여러분이 과학을 아주 잘 아는 탐정이라고 생각해보세요. 어떻게 하면 잃어버린 옛 친척을 찾을 수 있을까요. 세 가지 방법을 생각할 수 있을 거예요. 먼저 누군가에게 물어보면 가장 빠르겠죠. 친척의 친척, 또는 친구를 찾으면 그 친척이 있는 곳을 알려줄 거예요. 만약 그 친척이 이번에 찾으려는 릴라의 조상처럼 과거 먼 시기에만 살았고, 지금은 살지 않는다면 대신 그 친척의 후손을 찾을 수 있을 거예요. 지구 어딘가에는 비슷한 모습을 한 종이 살고 있고, 그 종이 후손일 가능성이 높을 테니까요.

또 다른 방법은 땅속 기록을 찾는 법입니다. 화석은 과거에 살았던 생물이 남긴 흔적이에요. 생물의 모습과 특징을 직접 확인할 수 있기 때문에 옛날부터 과학자들은 화석을 발굴해 과거의 기후나 생물 상태, 환경 등을 알아냈습니다.

마지막 방법은 비교적 최근에 개발된 기술이에요. 유전자, 그러니까 DNA를 분석하는 방법이죠. 이 방법은 생명과학이 발달한 덕분에 가능해졌는데, 요새는 화석 속에 있는 유전자까지 되살려 분석할 수 있답니다.

비슷한 친구들을 찾아보자

자, 그럼 먼저 세계 방방 곳곳을 돌아다니면서 비슷한 친구들을 수소문해 보겠습니다. 고릴라와 비슷한 아프리카 서부에 살며, 역시 지능이 높기로 유명한 침팬지가 가장 먼저 달려왔네요. 다음으로 긴팔원숭이가 도착했습니다. 인도네시아에 열대우림에 사는 오랑우탄도 왔고, 여우원숭이, 흰목꼬리감는원숭이, 일본원숭이 등 여러 종류의 원숭이들도 많이 왔습니다. 그런데……, 여기 한 명이 더 있네요. 네. 사람인 저도 친척 후보랍니다.

　지금까지 모인 후보들을 가만히 살펴보면 몇 가지 공통점이 보입니다. 사람인 저는 조금 다르지만, 대부분 팔이 길고 나무를 잘 탑니다. 아예 나무 위에서 사는 종도 많습니다. 고릴라는 덩치가 커서 나무 위에서 살지는 않지만 숲에 삽니다. 또 사람을 제외하고는 걸을 때 긴 팔을 땅에 짚고 네 발로 걷는데, 특이하게 주먹을 쥔 채 겅중겅중 뛰듯 걷습니다. 마지막으로 손으로 뭔가를 잡고 이용하는 데 꽤 능숙합니다.

　비슷한 특징을 갖고 있는 이 후보 동물들은 '영장류'라는 동물군으로 분류됩니다. 쉽게 말하면 '영장류'라는 동물 가족의 구성원이라는 뜻이에요. 여기에는 여러 가지 원숭이(사실은 종류가 아주 다양하고 복잡합니다만, 그냥 원숭이라고만 하겠습니다)와 긴팔원숭이 등 소형 유인원, 그리고 침팬지, 고릴라, 오랑우탄, 사람 등 네 종의 대형 유인원이 포함돼 있습니다. 이 가운데 우리의 관심사는 릴라와 아주 닮은 긴팔원숭이와 대형 유인원이지요. 이들을 합해서 '사람상과(호미노이드)'라고 말합니다. 이름에서 알 수 있듯 우리 사람들과도 가장 가까운 분류군에 속합니다.

　자, 이들 영장류들이 릴라의 친척 후보라는 건 알겠어요. 하지만 이 동물들은 오늘날 살고 있는 동물이지 조상이 아닙니다(물론 다른 생물들 중에는 과거에도 살았고 지금도 살고 있는 생물도 있습니다. 흔히 '살아 있는 화석'이라고 부르는 종들인데, 대형 영장류 중에는 없습니다). 아무래도 좀더 옛날 친척들을 찾아야 할 것 같아요. 어떻게 하면 될까요? 이때 필요한 게 땅속에서 파낸 화석이에요.

화석을 발굴해보자

방금 릴라의 조상 후보를 모집하자 비슷한 특징을 지닌 종들이 찾아왔다고 했습니다. 이건 꼭 생긴 것이 닮았다는 뜻은 아니에요. 여우원숭이 처럼 원숭이보다는 여우나 고양이를 더 닮아 보이지만 사실은 원숭이에 속하는 종도 있으니까요. 그럼 무엇을 통해 종을 구분할까요. 과학자들 이 가장 많이 쓰는 방법은 몸속의 생김새를 비교하는 방법입니다. 몸을 해부해서 알 수 있다고 해서 보통 '해부학적 특징'이라고 하지요. 동물 을 해부해보면 겉으로는 아무리 비슷하게 보여도 몸속 구조까지 똑같긴 어려워요. 그중에서도 특히 뼈(골격)는 몸의 형태뿐 아니라 기능에도 큰 영향을 미치는 구조인데, 화석으로 남기도 쉬워서 땅에서 발견한 옛날 동물을 분류할 때도 기준으로 요긴하게 사용됩니다.

뼈대를 바탕으로 종을 구분하는 작업은 상상 이상의 세밀함과 인내력 을 필요로 합니다. 예를 들어 손가락 뼈 몇 번째 마디를 구성하는 뼈가 다른 마디 뼈보다 얼마나 긴지 혹은 짧은지, 뼈의 개수에 어떤 차이가 있는지, 두개골(머리뼈)에서 눈구멍의 위치와 콧구멍의 위치가 어떻게 다르고 크기는 얼마인지 등을 하나하나 점검해서 종을 구분합니다. 서 로 가까운 종은 아무래도 뼈의 구조도 비슷하기 때문에 뼈를 잘 관찰하 면 종 사이의 관계도 알 수 있습니다.

또 하나 유리한 점은, 이들 화석은 만들어진 연대를 쉽게 알 수 있다 는 점이에요. 햄버거 만들 때를 생각해볼까요? 빵을 깔고 고기와 치즈, 오이 피클, 양배추, 토마토, 마지막으로 소스를 넣고 다시 빵을 덮으면 완성되지요. 그런데 만약 고기를 못 먹는 친구가 있어서 고기를 빼려고 한다면 어떻게 해야 할까요. 고기를 언제 넣었는지 기억이 안 난다면 맨 위 빵부터 차례로 토마토, 양배추, 피클, 치즈를 걷어가며 확인해야 할 거예요. 화석도 마찬가지예요. 맨 위에 묻힌 암석이나 화석부터 맨 아 래까지 차례로 확인해보면 화석이 만들어진 순서를 알 수 있어요. 아래 에서 발견된 화석이 가장 먼저 묻힌 화석이지요. 물론, 땅이 뒤집혔거나 갈라졌거나 다른 암석이 뚫고 들어왔다면 얘기는 달라져요. 과학자들은 이런 예외를 모두 고려하면서 조심스럽게 화석의 연대를 측정한답니다.

여기에 '탄소연대측정법'이라는 과학적인 방법을 이용하면 화석이 만들어진 때를 직접 측정할 수도 있습니다. 화석이나 땅속에서 나온 물질 가운데 탄소가 있는데, 탄소 중 일부는 보통 탄소보다 무거운 성질이 있어요. 보통 탄소를 탄소-12라고 하고, 무거운 탄소를 탄소-14라고 부릅니다. 탄소-12와 탄소-14의 '12', '14'라는 숫자는 '원자량'으로, 수가 클수록 무겁다고 생각하면 됩니다. 그러니까 일종의 질량인 셈이지요. 자연에서 볼 수 있는 대부분의 탄소는 질량이 12예요. 14는 자연계에서 볼 수 있는 또 다른 원소인 질소의 질량이지요. 그런데 질소가 태양 에너지를 받아 흡수하면 탄소-14로 변할 수가 있어요. 이렇게 만들어진 탄소-14는 시간이 오래 지나면 다시 질소-14로 되돌아갑니다(이때 원소는 에너지를 내놓습니다. 이렇게 한 원소가 다른 원소로 변하는 과정을 '붕괴'라고 부르고, 이런 성질을 '방사능', 이때 나오는 에너지를 '방사성 에너지'라고 합니다). 그런데 이렇게 질소-14로 변하는 비율이 시간에 따라 아주 일정해서 수학 공식으로 쉽게 계산할 수 있어요.

지구상의 식물은 광합성을 하면서 탄소를 흡수합니다. 따라서 식물 속에는 늘 탄소-14가 일정한 비율로 들어 있는데, 죽어서 화석이 되면 시간이 지나면서 점점 질소-14로 변합니다. 아까 변하는 비율이 일정해서 공식이 있다고 했죠? 이 공식을 이용해 계산하면 이 식물이 살았던 연대를 알 수 있습니다. 식물 연대를 알면 식물 화석이 나온 지층의 연대도 알 수 있겠죠. 이렇게 해서 과학자들은 땅속에서 발견한 여러 식물 화석, 또는 식물을 먹은 동물 화석을 통해 화석의 나이를 알 수 있어요.

이렇게 알아낸 연대와 해부학적 특징을 모아 보면 화석이 된 동물의 친척 관계를 알 수 있습니다. 어떤 두 동물이 비슷한 해부학적 특징을 지니고 있어서 서로 친척일지도 모른다고 생각해보세요. 연대를 측정하니 한 동물이 몇백만 년 더 일찍 화석이 됐다면 이 동물이 다른 동물의 조상일 가능성이 높습니다. 단, 직접 할머니 할아버지라는 뜻은 아니에요. 사촌의 할아버지일 수도 있지요. 부모님과 자식이 서로 닮은 경우를 많이 봤지만, 친척과도 닮은 경우를 많이 봤을 거예요. 닮았다고 모두 부모 자식 관계로 볼 수는 없답니다.

  자, 이런 생각을 염두에 두고 땅속을 잘 파헤쳐 보겠습니다. 이미 지질학자와 고생물학자들이 세계 곳곳에서 다양한 동물을 발굴했습니다. 물론 그 가운데 유인원의 조상에 해당하는 동물도 포함돼 있지요. 여기 발굴한 화석과 화석을 바탕으로 복원한 동물의 상상도가 있습니다. 아

사람과(700만 년 전)

사람상과(2500만 년 전)

고등 영장류(4000만 년 전)

하등 영장류(5800만 년 전)

초기 영장류(6500만 년 전)

곤충 먹는 포유류(7000만 년 이상)

래에서부터 오래된 순입니다. 탄소연대측정법을 써서 살았던 시대도 같이 표시해뒀지요.

잘 보면 생김새가 천차만별이지만, 어느 정도 일정하게 변한다는 사실을 알 수 있어요. 뾰족하던 얼굴이 점차 뭉툭해지고, 얼굴 양 옆에 있던 눈구멍이 정면으로 향했습니다. 두뇌가 들어갈 부분이 점점 커진 점도 눈여겨볼 점이지요. 맨 아래 표시한 동물은 '곤충 먹는 포유류(식충류)'로 분류되는 종으로, 영장류의 조상으로 분류됩니다. 살던 시대는 지금부터 약 7000만 년 전 이상 과거로 올라갑니다. 그 바로 위가 바로 원시 영장류입니다. 6500만 년 전에 나타났습니다. 이후 5800만 년 전부터는 초기 형태의 원숭이인 '원원류'의 조상이 나타났습니다. 원숭이는 원숭이인데 여우처럼 생겼다고 '여우원숭이'라고 불렀던 동물이 있었죠. 여우원숭이가 바로 원원류입니다. 안경원숭이도 포함됩니다. 4000만 년 전에는 원숭이의 직접적인 조상(진원류)이 나타났고, 2500만 년 전 사람상과의 조상이 되는 구세계원숭이가 등장했습니다. 사람상과에 속하는 첫 영장류인 긴팔원숭이는 1500만~1900만 년 전에 나타났습니다.

유전자를 분석해보자

마지막으로 유전자를 분석하는 방법을 알아보겠습니다. 생명은 모두 DNA라고 부르는 유전자를 가지고 있어요. 유전자는 쉽게 말하면 생명의 설계도라고 할 수 있죠. 생명체가 지닌 여러 가지 몸의 특징을 나타나게 해줍니다. 하지만 거기에 그치는 것이 아니에요. 다음 세대, 그러니까 자손에게 그 특징을 물려줘서 중요한 특징이 유지되도록 하는 역할을 합니다. 단순히 생명체 하나의 설계도가 아니라 그 생명체의 종의 설계도라고 할 수 있지요. 하지만 항상 완벽하게 100% 똑같은 형태로 정해져 있지는 않아요. 그랬다면 붕어빵처럼 복제만 하겠지만, 실제

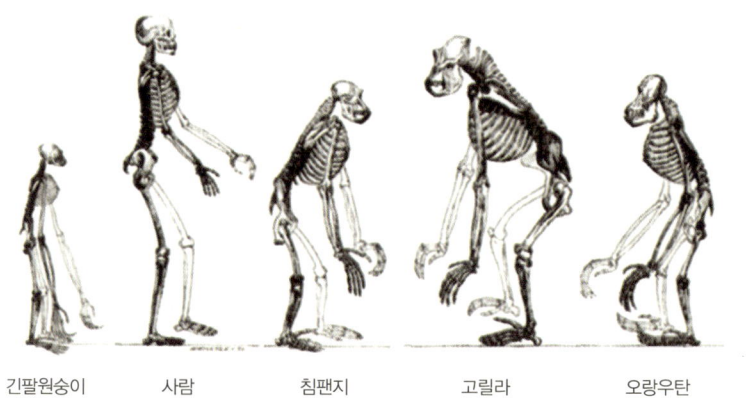

긴팔원숭이   사람   침팬지   고릴라   오랑우탄

로는 유전자의 세부가 각 생명체 하나하나마다 조금씩 다르답니다. 그래서 전세계에는 모두 똑같이 생긴 사람만 70억 명 있는 게 아니라 각기 다른 사람이 있는 거예요.

최근에는 화석 속에 희미하게 남아 있는 유전자를 추출해서 복원한 뒤 직접 유전 정보를 읽어내는 방법도 개발돼 있어요. 아직은 살아있는 생물에 비해 정확도도 떨어지고 시간도 오래 걸리지만 가능하다는 사실이 밝혀져 있지요. 실제로 이런 방법으로 수만 년 전에 살았던 원시인이나 빙하 속에서 발견된 5000년 전 조상, 그리고 매머드 등 멸종한 동물의 모습을 복원하기도 했습니다. 털매머드의 털 색깔이 밝은 오렌지색 또는 갈색이라는 정보나 네안데르탈인의 피부색이 백인처럼 희었다는 등의 정보는 유전자 정보를 직접 분석해서 훨씬 정확하게 알 수 있답니다.

하지만 릴라의 조상을 찾는 데 더 요긴하게 쓰이는 기술은 따로 있어요. 바로 오늘날 존재하는 동물에서 유전자를 얻은 뒤 비교해 친척 관계를 알아보는 방식입니다. 서로 다른 종 사이에는 유전자도 달라요. 그런데 종 사이에 거리가 멀수록(즉, 많이 다른 생물일수록) 유전자의 차이가 큽니다. 아까 탄소연대측정법에서 탄소-14가 질소-14로 변하는 비율이 일정하기 때문에 수학공식으로 만들면 화석의 나이를 알 수 있다고 했죠? 자연에는 이런 식으로 변화하는 비율이 일정해서 수학 공식으로 만들 수 있는 게 아주 많아요. 유전자의 차이와 생물 종의 차이 역시 이렇게 일정한 공식으로 만들 수 있어요. 과학자들은 이런 공식을 이용해서 영장류들 사이의 진화 과정도 조사했답니다.

여기서 잠시 진화라는 말에 대해 생각해볼 게 있어요. 앞에서 화석을 통해 옛날 살던 영장류의 모습을 복원해봤죠. 시간에 따라 조금씩 변해가는 모습을 알 수 있었습니다. 그런데 그 그림을 보니 생각나는 또 다른 그림이 있습니다. 바로 아래 그림입니다.

이 그림은 진화에 대한 사람들의 오해와 관련이 있어요. 여러분, '원숭이가 진화해 사람이 됐다'는 말을 들어본 적이 있지요? 이 그림도 마치 '네 발로 기던 원숭이가 점점 허리를 꼿꼿이 펴더니 어느 순간 두 발로 일어나 인간이 됐다'고 말하는 것 같습니다. 원숭이가 어느 순간 걷는 능력을 얻은 것처럼요.

하지만 진화는 이런 게 아니에요. 하나의 생물이 오랜 시간대를 이어 살아오면서 조금씩 특징이 변했다는 이런 생각은 오래전에 잘못된 진화론으로 밝혀졌어요. 화석 사진을 생각해보세요. 땅을 팠더니 6500만 년 전, 5800만 년 전, 2500만 년 전 등 땅속에서 옛날 식충류나 영장류의 화석이 나왔죠. 시간 순서에 따라 나왔다고 해서 옛날 동물들이 점점 이들 화석처럼 변했다고 볼 수 없어요. 햄버거의 예로 돌아가서, 외계인이 햄버거를 발견하고는 구멍을 뚫어서 내용물을 알아봤다고 해보죠. 아래에서부터 고기, 치즈, 오이 피클, 양배추, 토마토, 소스가 차례로 나왔다고 해서 꼭 고기가 치즈로, 치즈가 오이로, 오이가 양배추, 토마토, 소스로 차례차례 재료가 변한 것이라고 볼 수는 없지요.

진화의 진정한 의미

새로운 그림을 보겠습니다. 마치 나무가 가지를 친 것 같이 보이는 그림이지요? 나무와 마찬가지로 아래에서 위로 갈수록 새로 만들어진 가지입니다. 그러니까 맨 아래 나무줄기와 뿌리에 해당하는 부분이 가장 오래됐고, 하늘로 향한 가지 가장 끝 부분이 새로 생긴 가지예요. 보면 가지는 끊임없이 여러 갈래로 갈라진다는 것을 알 수 있어요. 어떤 가지는 길게 이어져 맨 위까지 닿기도 했지만, 어떤 가지는 중간에 끊어져 있기도 하네요.

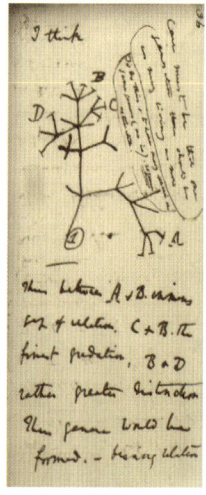
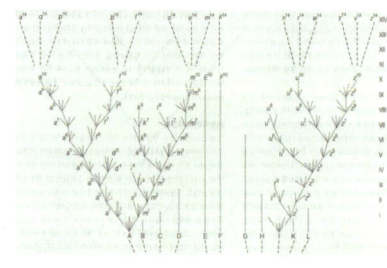
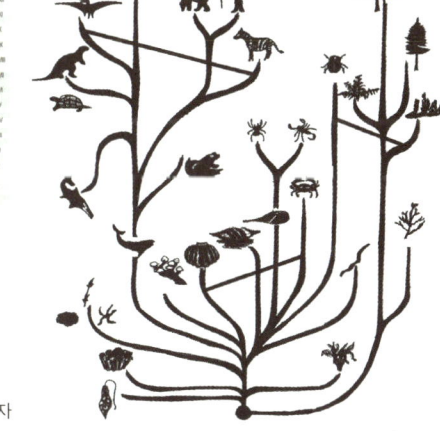

맨 왼쪽은 다윈이 제안한 생명의 나무.
하지만 최근은 맨 오른쪽처럼 서로 연결된(유전자 섞임) 나무 모양으로 수정됨.

앞의 그림이 바로 진화를 설명하는 그림이에요. 갈라진 가지 하나하나가 생물 종을 의미합니다. 가장 아래, 가장 오래된 생물을 봐주세요. 이 생물이 어느 순간 두 가닥 세 가닥으로 갈라져요. 다시 말해 시간이 흐르면서 마치 가지치기를 하듯 서로 다른 생물로 나뉘었다는 뜻이에요. 이 생물은 다시 여러 갈래로 갈라지면서 오늘날에 이르죠. 어떤 생물은 중간에 가지가 끊어집니다. 어느 순간 존재하지 않는 거죠. 바로 멸종이에요.

진화란 나무를 타던 원숭이가 점점 일어나 두 발로 걷는 사람이 되는 과정이 아니에요. 바로 하나의 생물이 여러 종의 다양한 생물들로 무수히 갈라지는 과정. 그리고 그 생물이 다시 여러 종으로 갈라지고, 그 과정에서 멸종과 생존이 되풀이되는 과정. 그래서 생태계는 더욱 풍부해지고 다양해지는 과정이 바로 진화입니다.

왜 어떤 생물은 멸종하고 어떤 생물은 살아남는 걸까요. 살아남는 생물이 더 강해서일까요. 아닙니다. 바로 그 생물이 우연히도 자신이 사는 환경에 잘 어울리는 특성을 지니고 있었기 때문입니다. 예를 들어 바닷물이 특별히 짠 지역이 있다고 생각해보세요. 거기에 두 종류의 조개가 살아요. 하나는 짠물에서 아주 잘 자라고 번식력도 좋아요. 하지만 묽은 곳에서는 잘 살지 못하지요. 다른 종은 반대로 짠물에서도 자라기는 하지만 번식력은 떨어져요. 대신 다른 조개보다 묽은 물에도 죽지 않고 번식도 하죠. 둘 중 어느 조개가 이 바다에서 더 잘 살까요? 물론 둘 다 잘 살 수 있어요. 하지만 아무래도 짠 바닷물이니까 짠물에 잘 견디는 조개가 좀더 살기 유리하겠죠.

그런데 만약 뭔가 이상이 생겨서(기후변화로 강수량이 늘어서 묽은 강물이 들어왔다거나, 공장이 생겨서 바닷물의 소금을 빼가서) 바닷물이 예전보다 더 묽어지면 어떻게 될까요. 아마 짠 바닷물에서만 살 수 있던 종은 바뀐 환경에 적응하지 못하고 자손도 남기지 못할 겁니다. 하지만 묽은 물과 짠물 모두에서 살 수 있는 종은 살아남아 자손을 남길 것입니다.

이렇게 주어진 환경에 맞는 개체가 선택되어 자손을 남기며 살아남는 현상, 위의 나무 모양 그림에서 '길게 이어지는 가지'를 만드는 이 현상을 '자연선택'이라고 부릅니다. 다시 한 번 강조하지만, 언제 어디서나 무조건 강한 생물은 없습니다. 만약 그랬다면 35억 년에 걸친 생명의 역사 속에서 단 하나의 강한 종만 남았어야겠죠. 하지만 현실은 그렇지 않습니다. 주어진 환경에서 좀더 잘 살 수 있는 종이 있을 뿐입니다. 이 말은 바꿔 말하면, 다양한 종이 살아야만 복잡하고 다양한 환경에서 골고루 생명이 존재할 가능성이 높아진다는 뜻입니다. 그래서 생태계는 풍부한 생물로 가득 차 있습니다. 다양성이 높아야만 생명이 유지될 수 있다는 점, 그렇게 되도록 끊임없이 다양한 생물들이 만들어지고, 또 멸종하며 생명 역사가 이어져 왔다는 점, 이게 바로 진화의 진정한 의미입니다.

진화의 원동력, 유전자 섞임과 흐름

그런데 이런 의문이 들어요. '서로 다른 종'은 왜, 어떻게 생겨났을까요. 여러분 '돌연변이'라는 말을 들어봤을 것입니다. 돌연변이는 몸의 어떤 특징이 변했다는 뜻입니다(병에 견디는 능력이나 짠물에서 사는 능력 등 눈에 보이지 않는 특징이 훨씬 많습니다). 이는 유전자가 변했나는 뜻입니다. 돌연변이는 유전자를 후손에게 전달하는 과정에서 일어나는 일종의 오류입니다. 하지만 이 오류 덕분에 기존과는 다른 유전자를 지니게 됐고, 기존과는 다른 환경에 적응할 수 있는 가능성도 가질 수 있습니다. 이게 꼭 좋은 것이라고는 할 수 없습니다. 아까 주어진 환경에 잘 맞아야만 생존 확률이 높다고 했죠? 만약 돌연변이의 결과가 기존 환경에 보다 적응할 가능성이 높아지면 그 종의 생존확률은 높아지겠지만, 그렇지 않은 경우도 많아 오히려 살아남을 가능성이 줄어들기도 합니다.

그런데 이런 돌연변이는 결코 자주 일어나지 않습니다. 생명은 유전을 통해 그 모습 그대로 이어져야 하는데 돌연변이라는 오류가 많다면 오히려 문제겠지요. 그래서 오늘날의 생물학에서는 유전자의 다양성이 증가하는 원인으로 또 다른 요소를 꼽고 있습니다. 바로 유전자 자체가 자손으로 이어지며 조금씩 변한다는 사실입니다.

예를 들어 보겠습니다. 아프리카에 계속 살아온 집안의 사람과 인도에서 계속 살아온 집안의 사람은 최근 몇백 년 전만 해도 이동이 거의 없었고, 서로 만날 일이 적었습니다. 그래서 외모부터 질병에 대한 내성까지 많은 특성이 서로 다릅니다.

아까 70억 인구가 모두 같은 '사람'이라는 종에 속하지만, 개인마다는 모두 조금씩 다르다고 했죠. 그 원인은 유전자들이 자손을 거듭할수록 아주 조금씩이지만 이랬다 저랬다 하며 변하기 때문이에요. 마치 정처없는 뗏목이 호수를 지그재그로 떠다니며 위치를 바꾸듯 유전자도 조금씩 변동이 있어요. 그 과정에서 호수 한쪽 방향으로 흘러갈 수도 있겠죠. 이게 바로 유전자가 조금씩 변한다는 '유전자 흐름(부동)'이라는 현상이에요. 비슷한 지역에 사는 사람들은 그 내부에서 서로 만나 결혼을 하고 자손을 낳았기 때문에 어느 정도 비슷한 유전자를 지니고 있습니다. 반면 멀리 떨어진 사람과는 유전자 구성이 다르겠지요.

이런 식의 유전자 변화는 보통은 종의 한계를 뛰어넘을 정도로 크게 일어나지 않습니다. 하지만 만약 유전자가 더 오래 떨어져 있어서 서로 못 알아볼 정도로 달라졌다면 어떨까요. 그러면 둘은 서로 다른 종이 됩니다. 더구나 이 종이 그 환경에서 살아남기 적당해서 자손을 남길 수도 있습니다. 이렇게 되면 종은 이전 종과 다른 종으로 나뉘게 됩니다. 이렇게 기존 종이 새 종과 기존 종으로 갈라지는 현상을 '종 분화'라고 하며, 오늘날 종의 다양성을 낳은 원동력입니다.

유전자가 낳은 영장류의 진화

자, 그렇다면 땅속에서 나온 여러 종의 영장류 화석을 다르게 이해할 수 있습니다. 하나의 영장류 조상이 점점 변해서 오늘날의 사람이 된 게 아니라, 여러 종의 다양한 영장류가 생겨났다가 일부는 멸종하고, 일부는 다시 다른 종으로 갈라져 또 다른 다양한 종을 낳아가면서 지금에 이르렀습니다. 땅속에서 나온 영장류 화석은 그렇게 갈라진 영장류 가운데 하나입니다. 또 지금 지구 곳곳에 퍼져 있는 여러 소형, 대형 유인원들도 다 그렇게 다양하게 생긴 영장류 가운데 일부가 됩니다.

서부 저지대 고릴라인 릴라의 조상도 그런 가지 중 어디에 있을 것입니다. 릴라는 가지 가운데 가장 위, 그러니까 오늘날까지 뻗어있는 가지 가운데 하나입니다. 이 가지 가운데 대형 유인원은 네 종이 있고, 오늘날 이 종들 사이의 유전자 차이는 분석이 돼 있습니다. 고릴라의 유전체(게놈) 분석이 2012년 3월에 끝나면서 막 완성이 됐지요. 이 분석에는 미국의 한 동물원에 있는 서부 저지대 고릴라, 그러니까 릴라의 친구가 이용됐습니다.

결과를 보면 사람은 침팬지와 가장 비슷한데 대략 550만~700만 년 전 분리됐습니다. 고릴라가 그 이전인 850만~1200만 년 전 분리됐고, 그전에 오랑우탄, 그리고 가장 먼저 긴팔원숭이가 분리됐습니다. 다음 페이지 그림을 보세요. 이들 사이의 연결 관계를 간략하게 그려보면, 역시 가지가 갈라진 나무 모양이 나옵니다. 멸종한 세세한 가지를 생략했기 때문에 굵은 가지만 보입니다만, 실제로는 더 많은 가지가 있었습니다. 여기서 보면 사람과 침팬지의 가지가 만나는 지점, 고릴라와 만나는 지점,

오랑우탄과 만나는 지점이 보입니다. 각각 사람과 침팬지가 서로 다른 종으로 갈라지기 직전의 조상, 즉 공통조상을 의미합니다. 릴라의 외할머니, 즉 조상을 죽 따라가다 보면, 어느 지점에서는 사람의 조상과 만납니다. 즉, 오래전에는 두 종이 하나였고, 하나의 조상에서 이어져 내려왔다는 뜻입니다. 그래서 릴라의 조상을 찾는 과정은 우리의 조상을 찾는 과정이라고 했던 것입니다. 마찬가지로 사람과 침팬지, 고릴라의 공통 조상은 더 과거로 거슬러 가면 오랑우탄의 공통 조상과 만납니다. 더 전에는 긴팔원숭이, 더 전에는 원원류와 공통의 조상을 갖습니다.

사람

고릴라

침팬지

긴팔원숭이

꼬리감는 원숭이

호랑이꼬리 여우원숭이

오랑우탄

개코원숭이

안경원숭이

갈라고

인류의 탄생, 그리고 호모 사피엔스

침팬지와 분리돼 지금의 인류인 호모 사피엔스로 이어지는 과정 역시 무수히 많은 가지를 지닌 또 한 그루의 나무가 됩니다. 침팬지와의 공통 조상에서 갈라져 나온 조상 인류, 즉 최초의 인류가 어느 종이었는지는 아직 논란이 분분합니다. 지금까지 20가지가 넘는 화석종이 발견됐는데, 이 가운데 4~5종이 유력한 후보로 꼽히고 있습니다. '루시'로 유명한 300~350만 년 전의 종 '오스트랄로피테쿠스 아파렌시스'가 오랜 세월 유력한 후보입니다. 하지만 연도가 다소 현대와 가깝기 때문에 이 종보다 더 오래전에 살았던 종이 최근 10여 년 사이에 많이 연구되고 있습니다. 아파렌시스와 아주 비슷한 '오스트랄로피테쿠스 아나멘시스'도 있는데, 연도는 390만~420만 년 전으로 아파렌시스보다 약간 더 오래됐지만, 아파렌시스와 특징이 많이 비슷해 같은 종이라는 주장도 있습니다. 중앙아프리카 차드에서 발굴된 '사헬란트로푸스 차덴시스'는 가장 오래전인 약 600만~700만 년 전에 살았는데, 두개골이 고릴라와 비슷해 고릴라의 조상 중 하나일 가능성도 높아 논란이 많습니다. 비슷한 시기에 살았던 '오로린 투게넨시스'는 넓적다리뼈만 발견됐는데, 사람의 특징인 직립보행(두 발로 걷기) 흔적이 뚜렷해 중요한 인류 조상 후보로 꼽힙니다. 마지막으로 가장 최근에 연구결과가 발표된 '아르디피테쿠스 라미두스'도 있습니다. 이 종은 440만 년 전에 살았습니다.

이들 종은 아직 우리 인류의 직접적인 조상이 아닙니다. 인류를 나타내는 '호모 사피엔스'에서 속(종 다음으로 큰 생물 분류 단위)을 나타내는 '호모'라는 이름이 아직 붙지 않았습니다. 이들이 인류의 먼 친척이라는 뜻이지요. 우리 인류의 직접 조상이 될 수 있는 호모 속은 약 240만 년 전 아프리카에서 나타났습니다. 여기에는 '호모 에렉투스(베이징인, 자바인)', '호모 하이델베르겐시스', '호모 네안데르탈렌시스(네안데르탈인)',

'호모 플로레시엔시스(호빗)' 등 많은 친척 종이 있습니다. 우리 인류와 같은 종인 호모 사피엔스는 약 20만 년 전에 역시 아프리카에서 태어났습니다. 당시만 해도 다른 친척종이 일부 살아 있었습니다만, 호모 네안데르탈렌시스가 2만 4000년 전, 호모 플로레시엔시스가 1만 8000년 전에 멸종하면서 이제 지구에는 단 한 종의 인류인 호모 사피엔스만 남게 됐습니다.

하나의 종만 남은 인류는 상대적으로 다양한 환경에 대한 적응력이 떨어질 수 있습니다. 물론 인류는 70억이라는 어마어마한 인구를 지닌, 현재로서는 세계 어떤 대형 포유류보다 유전자가 다양할 가능성이 높은 종입니다. 환경 적응력도 뛰어나 지구 구석구석에 퍼져 살고 있기도 하죠. 인류의 조상은 무더운 아프리카 초원지대에서 태어났는데, 20만 년이 채 안 돼 추운 극지방에까지 퍼져 살고 있는 것만 봐도 알 수 있습니다. 하지만 그렇다고 인류가 가장 강하며 예기치 못한 커다란 환경 변화까지 모두 극복할 수 있다고 믿는 것은 잘못입니다.

이야기했듯 종은 다양할수록 생태계의 건강함을 유지하기 쉽습니다. 그런데 인류는 환경 파괴와 무분별한 사냥, 그리고 기후변화로 다른 생물 종의 다양성마저 해치고 있습니다. 릴라가 속한 서부 저지대 고릴라는 이제 약 10만 마리가 겨우 살아남았습니다. 고릴라의 5개 아종 가운데 그나마 많은 편입니다. 수백 마리밖에 남지 않아 사실상 멸종 직전인 종도 있습니다.

릴라가 애타게 조상을 찾았던 이유는, 사실은 위기에 빠진 고릴라의 실상을 사람들에게 알리고 싶어서였습니다. 그리고 그렇게 찾은 조상이, 사실은 우리 인류의 조상이기도 하다는 사실을 일깨우고 싶었던 것입니다. 인류 역시 환경 변화에 취약할 수밖에 없는 또 하나의 생물입니다. 인류는 다른 생물을 함부로 멸종에 이르게 할 자격이 없습니다.

독자 여러분도 우리 인류는 셀 수 없이 복잡한 생명의 나무 속 가지의 일부라는 사실을 알았으면 좋겠습니다. 가지 중에서도 가장 끄트머리에 외롭게 자리한 나약한 가지 하나일 뿐입니다. 또 다른 가지인 고릴라의 가지, 침팬지의 가지, 오랑우탄, 원숭이, 그리고 영장류의 가지도 이런 가지 중 하나입니다. 그 외에도 수많은 동식물과 미생물들의 가지가 있습니다. 다양성은 생명을 오래 유지시키기 위한 필수 조건입니다. 우리는 이런 수많은 가지를 보호할 의무가 있습니다.

진화를 올바르게 이해하고, 영장류와 생물 진화 역사 속에서 우리 인류가 차지하는 위치를 똑바로 아는 것은 생물 다양성과 생태계 다양성을 이해하고 보전하는 첫 걸음입니다. 이것으로 릴라의 모험을 마치겠습니다.

윤신영 | 《과학동아》 기자. 연세대에서 도시공학과 생명공학을, 서울대 대학원에서 환경학을 공부했다. 라디오 환경뉴스를 담당했고, 환경단체 소식지 고정필자로도 활동중이다. 로드킬에 대한 기사로 2009년 미국과학진흥협회(AAAS) 과학언론상을 받았다. 『2100 미래로 영화관』 등을 쓰고 『소셜 네트워크』를 번역했다. 환경 다음으로 관심이 많은 주제인 인류의 탄생, 그 흔적을 찾아 동아프리카에 가는 게 꿈이다.

비록 우리나라에선 기생충 감염자가 적지만
세계적으로 보면 가난한 나라의 수많은 사람들이 아직도
기생충으로 고통 받고 있습니다.
그래서 의사로서 기생충에 대해 관심을 갖고 연구하는 것이지요.
이런 노력을 통해 많은 사람들이 고통으로부터 해방되고
편안한 삶을 살 수 있었으면 좋겠습니다.
여러분도 이런 의미 있는 일에 도전해보는 것은 어떨까요?

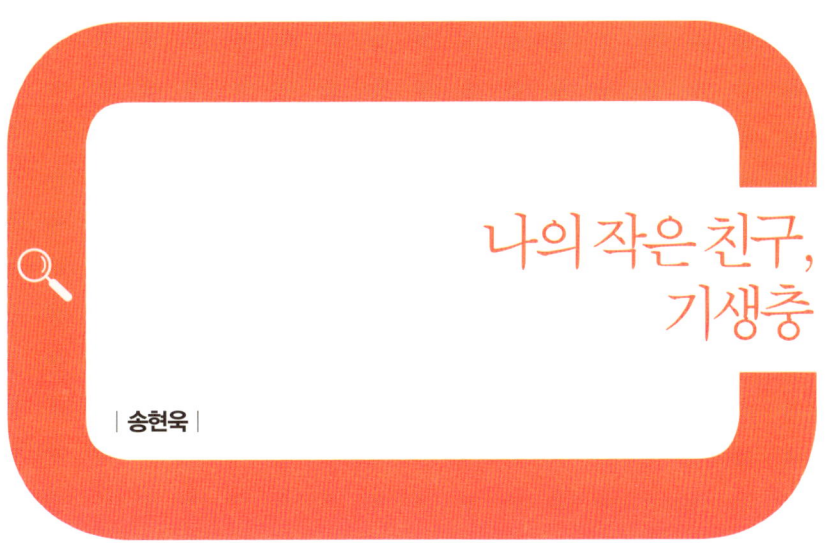

나의 작은 친구,
기생충

| 송현욱 |

　　안녕하세요. 저는 의과대학생들에게 기생충학을 가르치고 있는 의사입니다. 21세기가 된 지금, 의사가 기생충을 가르치고 또 의대생이 기생충을 배운다는 사실이 조금 신기하죠? 그리고 의사가 과학에 대해서 여러분께 강의를 한다는 것도 조금 의아할 겁니다. 하지만 의학도 과학의 한 영역입니다. 말하자면, 생물학에 해당하면서 그중에서도 사람과 질병을 다루는 과학이라고 볼 수 있습니다.

　의사는 여러분도 잘 알고 있듯이 의술과 약을 이용해 사람의 실병을 진단하고 치료하는 일을 하는 사람입니다. 병원에 가면 만날 수 있지만 우리는 그보다 먼저 영화나 드라마를 통해 의사를 만나곤 합니다. 외과 의사의 삶을 다루었던 〈하얀거탑〉의 김명민, 흉부외과를 무대로 한 〈뉴하트〉의 김민정과 지성, 신경외과와 뇌의 영역을 다루었던 〈브레인〉의 신하균 등이 의사로서 열연을 펼쳤습니다. 그리고 최근에는 〈골든타임〉

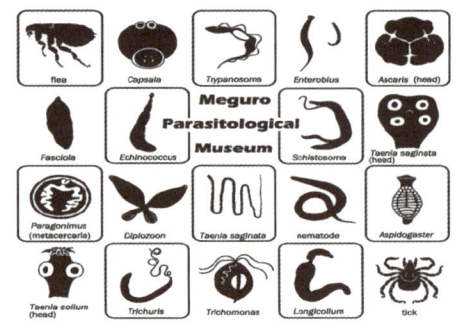

에서 긴박한 응급실의 모습이 그려지고 있죠. 이렇게 영화나 드라마 속에서 다뤄지는 의사의 영역은 주로 임상의학 중에서도 수술과 같은 볼거리가 많은 외과계열인 경우가 많습니다.

임상의학이란 의학을 구성하는 주요한 두 요소 중 하나입니다. 의학은 크게 기초의학과 임상의학으로 나눌 수 있는데 임상의학은 병원에서 환자를 진찰하고 치료하는 영역에 해당하고, 기초의학은 해부학, 생리학, 생화학, 약리학, 미생물학, 병리학, 예방의학 등 의학의 근간을 이루는 여러 기초 영역을 다룹니다. 임상의학이 환자와 그에 대한 치료를 중심으로 한다면 기초의학은 인체의 구조와 기능, 생물학적 기본 지식과 질병에 대한 사회적, 사회문화적 요인에 대해 연구합니다. 오늘 이야기할 기생충학은 이러한 기초의학의 한 영역입니다.

엄마, 채변봉투가 뭐야?

'기생충' 하면 어떤 생각이 드나요? 아마 여러분에게는 조금 낯선 이야기일지 모르지만 여러분의 부모님은 잘 알고 있을 겁니다. 예전에는 학교에서 기생충 검사를 하기 위해 채변봉투를 나눠줬어요. 채변봉투를 채우는 것이 의외로(?) 쉬운 일이 아니어서 이것을 해결하기 위해 고민도 많이 하고 꼼수를 피워 해결하기도 했죠. 요즘 학교에서는 채변 검사를 하지 않아 여러분들은 기생충 검사를 접해본 경험이 없을 겁니다.

실제로 질병관리본부에서 우리나라 국민들의 장내 기생충 감염 실태 조사를 일곱 번에 걸쳐 시행했는데 1971년에 시행한 1차 조사에서는 조사대상의 84.3%가 한 가지 이상의 기생충에 감염된 것으로 나왔지만 2004년에 시행한 7차 조사에서는 3.7%에 불과했습니다. 특히 우리나라에 흔했던 회충과 편충은 1971년 1차 조사에서 54.9%, 65.4%의 사람이 감염된 것으로 나타났는데 2004년 7차 조사에서는 각각 0.05%, 0.3%의 조사대상자만 감염된 것으로 나타나 우리나라의 기생충 감염에 대한 관리가 매우 효과적으로 이루어졌음을 알 수 있습니다.

하지만 3.7%라는 수치는 100명 중에 4명 정도가 아직도 한 가지 이상의 기생충에 걸려 있음을 의미하고, 50여 명이 모인 한 학급이라면 평균적으로 2명 정도가 기생충을 가지고 있다는 것을 뜻하니 그렇게 희귀한 일도 아닐 겁니다. 또 이 조사는 장내에 기생하는 기생충만을 대상으로 한 조사이기 때문에 혈액이나 기타 장기에 기생하는 기생충은 포함되지 않아 실제 기생충 감염자는 더 높을 것으로 예상됩니다.

연도	피검자 수(명)	충란 양성률 (%)	회충(%)	구충(%)	편충(%)	간흡충 (%)	폐흡충 (%)	장흡충 (%)	유무 구조충 (%)
제1차 ('71)	24,887	84.3	54.9	10.7	65.4	4.6	0.09	0	1.9
제2차 ('76)	27,178	63.2	41.0	2.2	42.0	1.8	0.07	0	0.7
제3차 ('81)	35,018	41.1	13.0	0.5	23.4	2.6	0	1.2	1.1
제4차 ('86)	43,590	12.9	2.1	0.1	4.8	2.7	0.002	1.0	0.3
제5차 ('92)	46,912	3.8	0.3	0.01	0.2	2.2	0.0	0.3	0.06
제6차 ('97)	45,832	2.4	0.06	0.007	0.04	1.4	0.0	0.3	0.02
제7차 ('04)	20,370	3.7	0.05	0.0	0.3	2.0	0.002	0.5	0.0

출처: 질병관리본부

기생충은 우리의 '작은 친구'?

기생충은 한자로 '붙어사는 벌레' 정도로 해석할 수 있는데요. 자기 혼자서는 살지 못하고 다른 생물의 체표 또는 내부에 붙어서 살아가는 생물을 말합니다.

기생충을 접할 기회가 없는 여러분들은 기생충 하면 대부분 회충과 같이 가늘고 긴 원통형의 몸을 가진, 눈에 보이는 큰 기생충만을 생각할 것입니다. 하지만 기생충은 큰 것만 있는 것이 아닙니다. 오랫동안 우리 몸 안에 있으면서 10m 가까이 크게 자라는 유구조충처럼 커다란 다세포 기생충이 있는가 하면, 우리 몸에 산소를 운반하는 적혈구라는 세포에 들어가서 기생하는 말라리아(열원충)처럼 작은 단세포 기생충도 있습니다. 여름이 되면 뉴스에서 흔히 들을 수 있었던 말라리아라는 질병이 열원충이라는 기생충의 감염으로 발생한다는 사실, 알고 있었나요? 이렇게 기생충은 다양한 모습으로 존재합니다. 제가 강연 제목에 기생충을 우리의 작은 친구라고 표현했지만 엄밀히 말하면 작지만은 않군요.

또 하나, 저는 왜 기생충을 '친구'라고 표현했을까요? 흔히 기생충은 위생시설이 발달하지 못한 옛날에만 있었던 것이고, 현재 우리나라에서는 찾아볼 수 없다고 생각합니다. 하지만 눈으로 확인할 수 없을 뿐 지금의 우리에게도 기생충은 분명히 있습니다.

70~80년대에는 회충, 편충, 구충과 같은 선충류 기생충들에 많이 감염되어 있었습니다. 특히 회충과 같은 경우 다 자라면 크기가 30cm에 이를 정도로 크기가 큰데다, 구충제를 먹고 치료하면 대변으로 그대로 배출되었기 때문에 쉽게 눈으로 모양을 확인할 수 있었죠. 그런데 2000년대 조사 결과를 보면 선충류 기생충은 현저하게 감염률이 낮아진 반면 상대적으로 간흡충과 장흡충 같은 흡충류 감염이 꾸준히 나타납니다. 흡충류 기생충은 선충류 기생충보다 크기가 작은 것들이 많고, 치료를 해도 눈으로 직접 볼 기회가 별로 없기 때문에 요즘은 기생충이 없다고 생각하는 것이죠. 하지만 위에서 말씀드렸듯이 통계적으로 본다면 내가 속한 반 아이들 중에 2명 정도는 기생충에 감염되어 있을 정도이며 인류의 몸속에 오랫동안 함께 살아왔기 때문에 '친구'처럼 밀접한 존재라고 할 수 있습니다.

기생충도 여러 가지가 있어요

기생충은 크게 단세포 기생충과 다세포 기생충으로 나눌 수 있습니다. 다세포 기생충은 선충류, 흡충류, 조충류로 분류할 수 있고, 이들을 묶어서 연충류 기생충이라고 합니다. 그리고 단세포 기생충에는 원충류가 있습니다. 기생충 중에서는 선충류가 가장 고등한 생물이고 원충류는 가장 하등한 기생충입니다.

선충류는 가장 쉽게 눈으로 확인할 수 있었던 것이며, 가장 잘 알고 있는 기생충입니다. 대표적인 기생충으로는 회충, 요충, 편충, 구충(십이지장충) 같은 것이 있으며, 가늘고 긴 원형의 몸통이 특징입니다. 앞에서 생물학적으로 고등하다는 표현을 했는데, 실제 선충류 기생충은 암컷과 수컷이 분리되어 있고 입이나 구강구조, 소화관, 항문 등의 기관을 잘 갖추고 있습니다.

흡충류는 현재 우리나라에 가장 흔한 장내 기생충류로, 모양은 납작하고 편평한 나뭇잎 모양을 하고 있습니다. 예전에는 '디스토마'라고 불렀는데, 디스토마란 기생충의 모양이 마치 두 개의 입을 가지고 있는 것 같다고 해서 붙여진 이름입니다. 이후 기생충에 대한 연구를 더 하다 보니 실제로는 입의 역할을 하는 구조가 아니라 자신이 감염될 부위에 달라붙는 역할을 하는 것으로 밝혀져 디스토마 대신 흡충이라고 부르게 되었습니다. 간흡충, 폐흡충, 요코가와흡충 등이 여기에 속하는데 간흡충과 요코가와흡충은 감염된 민물고기를 날로 먹을 때, 폐흡충은 민물가재나 게를 날로 먹을 때 감염되기 때문에 주로 큰 강 근처에 사는 주민들에게 감염률이 높습니다. 흡충류는 대부분 자웅동체이며, 소화관이 불완전하고 항문이 없습니다. 흔히 민물 회를 먹은 후 기생충 감염이 걱정돼 구충제를 사먹고 안심하곤 하는데, 흡충류 기생충은 약국에서 쉽게 구입할 수 있는 일반 구충제로 없앨 수 있는 기생충이 아니므로 주의

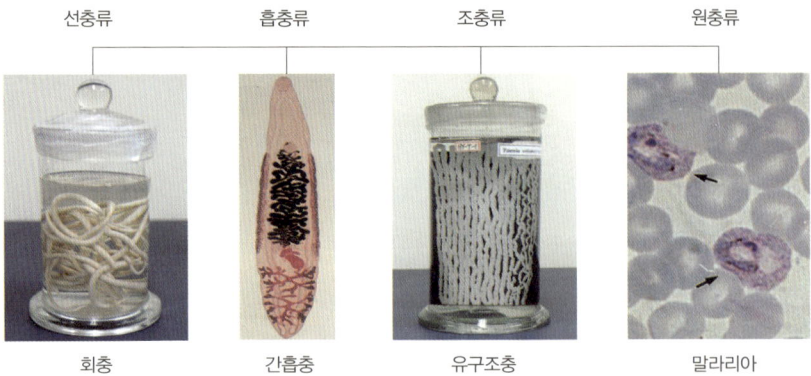

선충류	흡충류	조충류	원충류
회충	간흡충	유구조충	말라리아

해야 합니다. 앞으로 설명할 조충류, 원충류 기생충들도 일반적인 구충제로 치료할 수 없는 기생충이기 때문에 조심해야 합니다.

조충류 기생충은 편절이라고 불리는 작은 마디가 수백, 수천 개가 연속하여 몸을 구성하는 아주 긴 기생충입니다. 예전에는 촌충이라고도 했지만 지금은 학술적으로 조충이라고 부릅니다. 머리와 머리 아래로 편절과의 연결 부위가 되는 경부가 있고, 그 아래로는 독립된 기능을 하는 편절이 길게 붙어, 우리 몸에서 최고 10m까지 자랍니다. 여기에 속하는 대표적인 기생충은 광절열두조충, 유구조충, 무구조충, 아시아조충 등이 있습니다. 유구조충은 돼지고기의 근육에 박혀 자라기 때문에 돼지고기를 덜 익혀 먹으면 감염되기 쉽습니다. 하지만 최근 여러 조사들을 보면 우리나라 돼지의 유구조충 감염은 그리 많지 않아 보입니다. 유구조충의 감염 자체는 크게 위험하지 않지만 유구낭미충증이라고 하는 치명적인 유충감염증을 일으킬 수도 있습니다. 이에 감염되면 근육이나 눈, 뇌 등에 종괴(종기)가 생기거나 신체 각 부위에 여러 증상이 생깁니다.

원충류 기생충은 단세포 기생충으로, 하나의 세포 안에 생존에 필요한 여러 세포 소기관을 가진 구조로 되어 있습니다. 우리나라에서 볼 수 있는 것은 이질아메바, 람블편모충, 질편모충 같은 것들이 있고 해외여행을 할 때 조심하라고 알려져 있는 말라리아를 비롯하여, 최근 뉴스에서 크게 보도되었던 톡소포자충 같은 것이 여기에 속합니다.

말라리아는 우리나라를 포함하여 전세계적으로 널리 유행하는 기생충 질병으로, 모기가 사람을 물을 때 열원충이 사람의 혈관에 들어와서 발병합니다. 사람에게 감염을 일으키는 열원충의 종류는 보통 네 가지가 있는데 우리나라에는 삼일열원충이라는 열원충이 분포합니다. 삼일열원충이 감염되어 나타나는 질병을 삼일열말라리아라고 합니다. 삼일열말라리아는 오래전부터 우리나라에 유행하고 있었지만, 1970년대 후반부터는 거의 사라져서 우리나라의 토착성 말라리아 발생은 없다고 생각해왔습니다. 그런데 1993년 경기도 북부 휴전선 근처에서 삼일열원충에 감염된 병사가 있었고, 이후 2000년까지 꾸준히 증가하다가 지금은 매년 1,000~2,000명 정도 발생하고 있습니다. 삼일열원충은 감염시에도 증상이 경미하고 사망하는 경우가 별로 없지만 주로 아열대와 열대지역에 분포하는 열대열원충은 감염시 심한 증상을 보이고, 합병증으로 사망에 이르기도 하는 무서운 기생충입니다. 회충은 적은 수가 기생하는 동안에는 별 증상이 없지만, 특히 어린이에게 많은 수가 기생하는 경우 회충에게 빼앗기는 영양분이 많아 발육장애가 나타나기도 합니다.

기생충은 어떻게 사람에게 감염될까?

기생충의 감염 경로는 종류에 따라 매우 다양합니다. 기생충의 알이나 유충이 음식물과 함께 입으로 들어오는 경로가 가장 흔하며, 이것을 경구감염이라고 합니다. 우리나라에 흔한 기생충들은 대부분 이런 방식으로 우리 몸에 들어옵니다. 주로 덜 익히거나 날 음식을 먹어 걸리는데 대표적으로 민물 생선, 바다 생선, 돼지고기, 소고기 같은 것들입니다. 채소나 먹는 물을 통해서 감염되기도 합니다. 그 외에 몇몇 기생충은 흙이나 물에 있던 기생충의 유충이 피부를 뚫고 들어오기도 합니다. 이런 것을 경피감염이라고 합니다. 또 모기와 같은 절지동물이 사람을 물 때 혈관을 통해 감염되기도 합니다. 말라리아가 대표적이죠. 손을 잘 씻고, 음식을 잘 익혀 먹고, 물은 끓여 마시는 등 생활습관으로 대부분 예방할 수 있습니다.

기생충에 감염되는 생물을 숙주라고 합니다. 기생충은 반드시 어떤 생물을 거쳐 성충이 되는데 유충기 또는 무성생식기에 기생하는 생물을 중간숙주, 성충이 된 후 유성생식 시기에 기생하는 생물을 종숙주라고 합니다. 보통 사람에게 감염되는 기생충은 사람의 몸 안에서 성충이 되는 기생충을 말하지만, 몇몇 기생충은 사람과 동물을 동시에 종숙주로 삼을 수 있으며 사람에게 큰 해를 끼치기도 합니다.

최근 애완동물을 키우는 가정이 늘어나면서 집 안에서 오랫동안 개나 고양이를 접촉하는 경우가 많아졌기 때문에 이를 유의해야 합니다. 하지만 대부분의 경우 가정에서 기르는 애완동물은 정기적으로 구충제 복용을 하고 깨끗하게 관리하기 때문에 크게 걱정할 필요는 없습니다.

개와 고양이의 대표적인 기생충을 한번 살펴볼까요? 강아지를 기르고 있다면 '개심장사상충'이라는 이름을 들어봤을 겁니다. 이는 개가 종숙주이고 모기가 중간숙주의 역할을 하는 선충류 기생충입니다. 개에 감염된 경우 개의 심장에 기생하면서 죽음에 이르게 하기도 합니다. 집 안에서만 기르는 경우는 비교적 안전하지만 마당에서 기르거나 외부로 외출이 잦은 경우는 철저하게 구충제 복용을 해주는 것이 좋습니다.

한편, 최근 뉴스에 나왔던 '톡소포자충'이라는 기생충도 있습니다. 보통 쥐는 고양이를 무서워하여 잘 피해 다니는데 톡소포자충에 감염된 쥐는 고양이를 무서워하지 않고 도망 다니지 않게 됩니다. 톡소포자충은 고양이가 종숙주이고 쥐가 중간숙주인 기생충입니다. 따라서 쥐에서 어느 정도 살다 고양이의 몸으로 옮겨가야 하는데, 쥐가 고양이를 피해 다니면 자신이 고양이에게 옮겨가서 자랄 수 없게 되죠. 톡소포자충은 쥐의 뇌기능에 영향을 줘 고양이를 무서워하지 않도록 함으로써 고양이에게 잡아먹힐 확률을 높입니다. 쥐가 고양이에게 잡아먹히면 톡소포자충은 고양이로 옮겨가서 자신의 삶을 계속 이어갑니다. 아주 재미있는 생명 현상이죠.

기생충이 숙주의 행동을 변화시키는 것은 결국 다음 단계의 숙주로 쉽게 넘어가서 자신의 생명을 계속 유지하기 위한 전략입니다. 톡소포자충은 건강한 사람에게 감염되었을 때는 큰 해가 없지만, 면역력이 약한 환자, 미성숙한 태아 등에서 문제를 일으킵니다. 하지만 고양이들은 대부분 청결한 위생 습관을 가지고 있고 애완용 고양이들은 집에서 사료를 먹기 때문에 고양이로 인해 톡소포자충에 감염될 가능성은 매우 낮습니다. 그보다는 개인위생을 청결하게 유지하는 습관이 톡소포자충 예방에 중요합니다.

기생충과 함께 산 지 얼마나 되었을까?

역사적 기록에 의하면 히포크라테스 시절에도 기생충 감염을 의심하는 환자의 증상들이 기록되어 있다고 합니다. 2010년 미국의학협회에서 발간된 논문에서는 기원전 1333년부터 이집트를 통치했던 투탕카멘의 미라를 유전자 분석한 결과 열대열원충에 감염, 즉 말라리아가 죽음의 한 원인이었다고 밝히기도 했습니다.

우리나라의 경우 400여 년 전 조선시대의 미라를 조사한 결과 대변 및 장 내용물에서 간흡충, 이형흡충류와 같은 기생충들이 발견되었고, 1993년에 최초로 확인되었던 참굴큰입흡충과 같은 기생충이 이미 400년 전 미라에서 발견되어 흥미를 더하기도 했습니다. 이처럼 기생충은 인류의 역사와 함께 오랫동안 사람과 함께 지내왔음을 알 수 있습니다. 이런 미라의 기생충 보고는 당시의 식습관이나 일대의 생물 분포 등 중요한 자료를 간접적으로 보여주기도 합니다.

점차 우리나라의 기생충 감염률이 낮아졌음에도 불구하고 기생충에 대해 연구하는 것에 관해서는 여러 가지 답변이 있을 수 있습니다. 우선 아직 많지는 않지만 여전히 기생충에 감염된 사람들이 있고, 그중에 심한 환자가 나오기도 합니다. 또 기생충이 많은 지역에 여행이나 단기 봉사활동을 가는 분들도 계시지요. 외국으로 이민이나 유학을 가는 경우, 그리고 그 반대로 외국에서 우리나라로 들어온 사람들도 많아졌죠.

기생충 질병은 일반적으로 가난하고 생활환경이 좋지 않은 나라에서 많이 발생하는 특성이 있습니다. 비록 우리나라의 경우가 아니라 할지라도, 의사로서 전세계의 많은 사람들이 고통 받고 있는 질병에 대해 관심을 가진다는 것은 역시 중요한 일이겠죠.

앞에서 애완동물과 기생충에 대한 이야기도 잠시 나누었는데요. 애완동물과 사람의 접촉은 앞으로도 계속 증가할 것이기 때문에 동물의 기생충과, 사람 및 동물에 같이 감염될 수 있는 기생충에 대해서도 계속해서 공부할 필요가 있습니다.

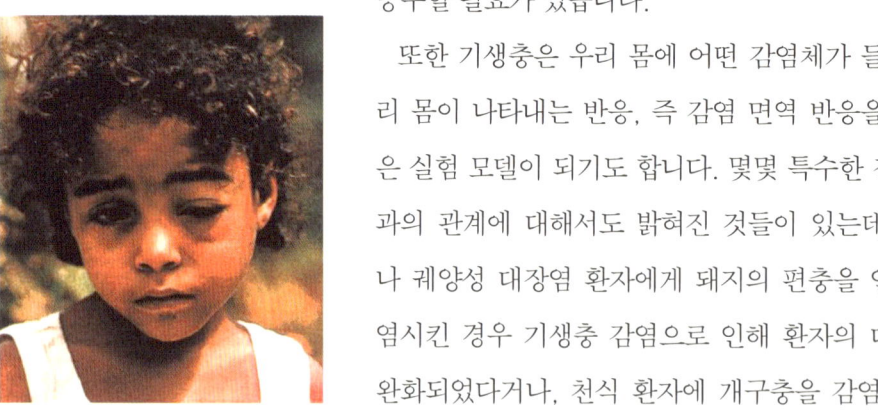

또한 기생충은 우리 몸에 어떤 감염체가 들어왔을 때 우리 몸이 나타내는 반응, 즉 감염 면역 반응을 연구하는 좋은 실험 모델이 되기도 합니다. 몇몇 특수한 질병과 기생충과의 관계에 대해서도 밝혀진 것들이 있는데요. 크론병이나 궤양성 대장염 환자에게 돼지의 편충을 인위적으로 감염시킨 경우 기생충 감염으로 인해 환자의 대장염 증세가 완화되었다거나, 천식 환자에 개구충을 감염시킨 경우 천식 증상이 완화되었다는 재미있는 보고도 있습니다. 이러한 연구 결과들은 앞으로 인체에 무해한 기생충을 생물학적 치료제로 사용하여 지금까지 좋은 치료결과를 보이지 못했던 몇몇 질병들의 치료에 활용할 수도 있을 것이란 기대를 가지게 합니다.

　오늘의 과학자 중 한 사람으로 여러분들과 얘기를 나누었습니다. 과학자는 TV에 나오는 연예인이나 탤런트처럼 대중의 스포트라이트를 한 몸에 받는 화려한 직업이 아닐 수도 있습니다. 하지만 과학은 우리의 삶이 더 풍요롭고 편리하게 만들어주는 아주 중요한 것이라고 생각합니다.

　특히 기초과학은 피라미드의 맨 아랫단과 같다고 생각해요. 높은 건물이 만들어지려면 결국 아랫단에서 큰 돌들이 튼튼하게 받쳐주지 않으면 안 되겠죠. 과학자가 하는 일이란 그런 것 같아요. 당장 빛나 보이는 일은 아니지만 우리 사회를 더 멋지게 만들어주는 기반과 같은 일.

　기생충에 대한 연구도 그렇습니다. 비록 지금 우리나라에선 기생충 감염자가 적어 보이지만, 세계적으로 보면 가난한 나라의 수많은 사람들이 기생충으로 고통 받고 있습니다. 그래서 의사로서 계속 기생충들에 대해 관심을 가지고 연구하는 것이지요. 이런 노력을 통해 누군가가 고통으로부터 해방되고 편안한 삶을 살 수 있었으면 좋겠습니다. 여러분도 이런 의미 있는 일에 작은 기반이 되어 보는 것은 어떨까요?

송현욱 | 어려서부터 과학자를 꿈꿔왔다. 한양대학교 의과대학을 졸업한 후 평범한 의사의 진로를 걷지 않고 고려대학교와 한양대학교 대학원에서 기생충학을 전공했다. 국군의학연구소에서 군의관으로 복무한 후 2010년부터는 대구가톨릭의과대학에서 기생충학교실 주임교수 및 의학교육학교실 겸임교수로 재직중이다. 10월의 하늘은 과학도를 꿈꾸던 어린 자신과의 만남이기도 하여 기쁜 마음으로 동참했다.

여러분들은 앞으로 어떤 것을 만들어낼 수 있을까요?
화학을 공부해서 신약을 만들 수도 있고,
생물학을 공부해서 바이러스 벡터를 연구할 수도 있습니다.
나노튜브 같은 것을 개발하는 물리화학자가 될 수도 있겠지요.
여러분들의 두 손은 못 할 것이 없습니다.

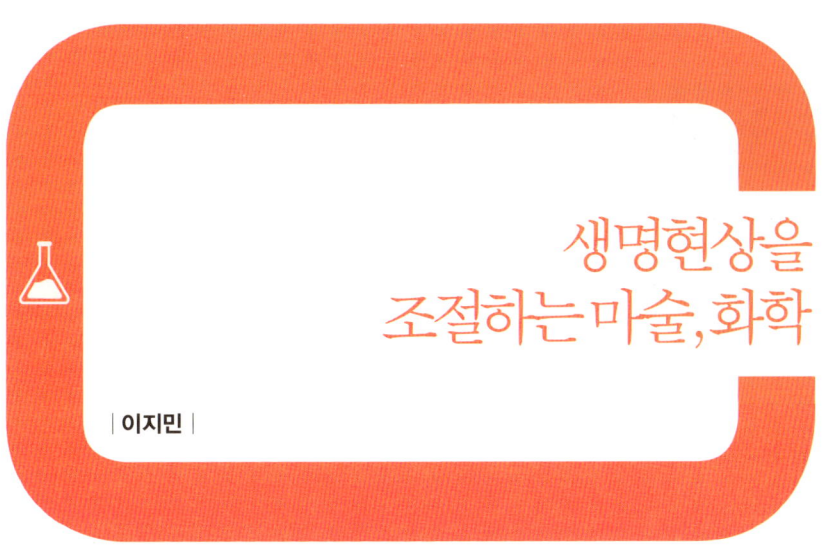

생명현상을 조절하는 마술, 화학

| 이지민 |

■　　여러분 화학이라는 말 많이 들어봤죠? 그런데 화학이 무엇인지 알고 있나요? 화학은 '자연과학의 한 분야. 물질의 조성과 구조, 성질 및 변화, 제법, 응용 따위를 연구하는 것'입니다. 이렇게 뜻을 풀어 놓고 봐도 쉽게 이해가 되지 않죠? 물질을 구성하는 어떤 것, 그리고 그 구성으로 인해 결정되는 물질의 성질과 그 성질을 변화시키는 현상, 변화를 만들어나가는 방법, 그 현상을 이용한 응용연구 정도로 풀어 쓸 수 있겠지만 점점 더 어려워지기만 하네요. 화학을 좀 더 쉽게 이해하기 위해 우리 주변에 있는 화학을 찾아보도록 합시다.

마녀와 엄마는 화학자

먼저 화학자 하면 어떤 모습이 떠오르나요? 하얀 실험복을 입고 동그란 플라스크에 형형색색의 액체를 이리저리 섞다 무언가 잘못 넣는 바람에

펑! 하고 폭발하면서 재투성이가 되는 모습, 만화나 영화에서 자주 볼 수 있었죠?

그리고 보니 비슷한 사람이 떠오르네요. '아브라카타브라!' 주문을 외우며 마법의 약을 만드는 마녀 말입니다. 마녀는 동트기 전 산기슭 옹달샘에서 아무도 몰래 길어온 물 한 양동이에, 약초와 두꺼비 눈알, 박쥐 날개, 아이의 피 한 방울 등을 넣고 팔팔 끓여 짠~하고 기분 나쁜 색의 마법의 약을 만들어냅니다. 각각의 재료들이 물속에서 화학 반응을 일으켜 새로운 성질을 지닌 물질, 마법의 약이 만들어졌으니 마녀도 화학자라고 할 수 있겠네요.

엄마도 화학자입니다. 매일 우리를 위해 요리를 하니까요. 그 요리를 맛있게 먹고, 몸속에서 소화를 시켜 방귀나 대소변 등의 배설물을 생산해내는 우리도 화학자인 셈입니다. 이렇게 보니 화학은 우리와 정말 가까운 곳에 있음을 알 수 있죠?

세포는 어떻게 이루어져 있을까

동물, 식물, 미생물 등 살아있는 모든 생물은 세포로 이루어져 있습니다. 박테리아와 같이 단 하나의 세포로 이루어진 생물부터 100조 개 이상의 세포로 몸을 구성하는 사람에 이르기까지 세포는 유기체를 구성하는 가장 기본적인 단위입니다. 가장 기본적인 단위라고 하니 단순해보이지만 사실 세포는 혼자서도 생명현상을 유지해나갈 수 있을 정도로 정교하게 구성되어 있습니다.

세포는 스스로 분열하여 증식할 수 있으며 식물세포의 경우 미토콘드리아와 같은 소기관을 이용해 세포 내 호흡을 하며 에너지원을 생산해내기도 합니다. 또한 세포핵은 세포의 유전정보를 DNA에 저장하고 이

유전정보에 따라 단백질을 합성합니다. 세포는 물과 단백질, 탄수화물, 지질, 무기염류로 구성되어 있는데 이런 유기물은 주로 탄소^C, 수소^H, 산소^O, 질소^{N}의 원소로 이루어집니다. 세포가 모여 조직이 되고, 조직이 모여 기관이 되고, 기관이 모여 인체를 이루는 사람의 몸도 56.1%의 산소와 28%의 탄소, 9.3%의 수소, 2%의 질소, 그리고 칼슘, 염소, 황, 철, 아연과 같은 화학원소로 구성되어 있는 것이죠. 이처럼 많지 않은 화학원소가 모여 사람의 몸을 구성하고, 화학결합을 함으로써 생명에 필수적인 화학반응을 만들어냅니다.

그럼 화학반응이란 무엇일까요? 화학반응이란 화학적 과정을 통해 다른 물질(생성물)로 변하는 현상을 말합니다. 예를 들어 놀이터에 녹이 슨 놀이기구 본 적 있죠? 이는 철^{Fe}로 만들어진 놀이기구가 공기 중에 오랜 시간 노출되어 산소와 천천히 결합하여 산화철^{Fe_2O_3}로 변화하는 현상입니다. '녹이 슨다'는 것은 아주 느리게 일어나는 산화라는 화학반응의 한 예입니다. 반면 가끔 밀가루 공장이 폭발을 했다는 뉴스가 나오죠. 이는 입자가 아주 고운 탄소화합물(밀가루)이 공기 중에 다량 존재할 때, 어떠한 불씨나 정전기가 빠르게 연소하여 한꺼번에 많은 에너지를 내는 현상입니다. 이것은 빠르게 일어나는 화학반응(산화)의 한 종류입니다.

화학반응을 일으키는 우리 몸

화학반응은 우리의 몸속에서도 일어납니다. 호흡, 소화, 신경물질의 전달과 같은 모든 생명현상은 화학물질이 이동하는 화학반응으로 구성되어 있습니다. 여러분, 문틈 사이에 손이 끼어 아파본 적 있지요? 그 아픔이라는 것은 도대체 어떻게 느낄 수 있는 걸까요? 그리고 "아!" 하는 비명을 지르기 전에 무의식적으로 손을 빼는 것은 어떻게 가능한 일일까요?

우리 몸의 신경정보 전달체계는 잴 수도 없을 정도의 속도와 정확성을 가지고 신경세포에게 정보를 전달합니다. 이러한 정보를 전달하는 매개체가 신경전달물질이라는 화학물질입니다. 우리 몸의 신경세포 수는 수천억 개에 이르는데, 이 세포들은 전깃줄처럼 연결되어 정보를 전달하는 것이 아니라 아래 그림처럼 약간의 간격을 두고 떨어져서 존재합니다.

신경전달물질은 소포체라는 조그마한 주머니에 저장되어 있는데 신경정보가 전기 자극의 형태로 전달되면 이 주머니가 터집니다. 주머니 속에 있던 신경전달물질은 시냅스라는 신경세포 사이로 나오고 1/20,000mm 정도의 아주 짧은 간격을 지나 다음 신경세포막에 도착합니다. 세포막에는 신경전달물질을 받아들이는 특수한 수용체가 있는데, 이 수용체에 신경전달물질이 결합하면 이온들이 신경세포 안으로 들어올 수 있는 통로가 열립니다. 통로를 통해 평소 -60mV~-90mV의 음전하를 띠고 있던 신경세포에 양전하가 들어오면 신경세포가 흥분하고 반대로 음전하가 들어오면 흥분이 억제됩니다. 이렇게 신경전달물질은 신경세포에서 다음 신경세포로 전기를 흐르게 하는 스위치 역할을 합니다. 이 스위치가 켜지면 아픔을 느낄 수 있는 것이죠.

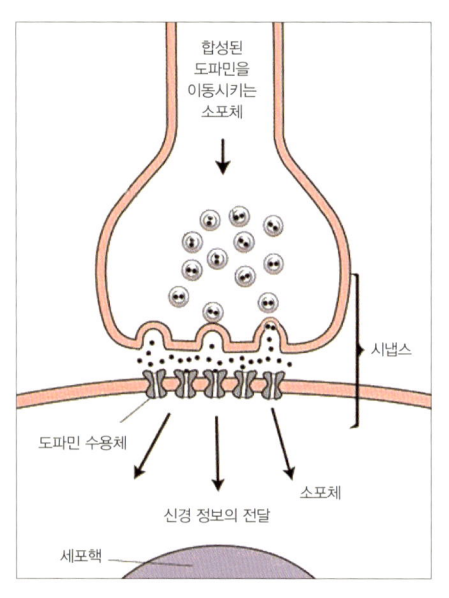

합성된 도파민을 이동시키는 소포체

시냅스

도파민 수용체

소포체

신경 정보의 전달

세포핵

우리 몸을 치료하는 화학물질, 약

우리는 아픔을 느낄 때 약을 먹습니다. 약은 크게 한약과 양약이 있는데 한약의 경우 고대 중국의 한방의학▪이 한국과 일본으로 전파되면서 발전한 것으로, 수천 년 동안 동식물에 유래한 여러 생약을 이용해 질병을 치료했습니다. 치료 경험을 통해 독성과 유효성을 비교하면서 천연물에서 발견한 생약을 발전시킬 수 있었지요.

서양에서는 고대 그리스시대(기원전 400년경)부터 생약을 이용한 질병의 치료가 시작되었습니다. 히포크라테스 시대에 쇠약한 병자에게 힘을 주기 위해 포도주에 약초를 넣어 일종의 물약을 만들던 것을 시작으로 그 후 데오코리데스라는 학자가 약초의 약효를 정리하여 『약물학Materia Medica』이라는 책을 편찬하기도 했습니다.

가벼운 감기나 두통, 심혈관질환의 치료제로 사용되는 아스피린은 히포크라테스가 환자의 열을 내리고 통증을 완화시키기 위해 사용하던 버드나무 껍질 추출물에서 유래한 것으로 알려져 있습니다. 이는 서양뿐 아니라 동양에서도 사용되었는데, 고대 중국에서는 아이가 이가 아프면 작은 버드나무 가지로 이 사이를 문질러줬다고 합니다. 또한 일본어로 이쑤시개를 '요지'라고 하는데, 이는 버드나무 가지라는 뜻입니다.

■ 신농본초경
현존하는 가장 오래된 의학서적으로 한나라 시대, 약 200년경에 만들어졌다. 신농이란 사람이 골라낸 365가지의 약초에 관해 정리되어 있다.

버드나무 껍질 속에 살리신이라는 성분이 들어 있는데 이 성분이 바로 우리 몸의 통증을 완화시켜준다고 해요. 살리신은 너무 써서 그대로 먹는 것이 불가능할 정도인데, 살리실산을 이용하면 맛은 덜 쓰면서도 진통작용은 그대로 유지된다는 사실을 과학자들이 발견했습니다. 그런데 시간이 지나면서 살리실산의 중대한 결점이 밝혀지게 되었어요. 살리신산이 위 점막을 자극해 위장장애를 일으킨다는 것이었습니다. 이에 1987년 독일의 바이엘이라는 제약회사에 F. 호프만(호프만의 아버지가 살리실산의 부작용으로 무척 고생했다고 하네요)이라는 화학자가 이러한 부작용을 줄일 수 있는 아세틸살리실산을 합성하여 아스피린이라는 상품으로 출시했고, 그 후 100년이 지난 오늘날까지도 세계적으로 매년 5만 톤 이상이 복용되는, 인류가 가장 애용하는 의약품이 되었습니다.

이와 같이 한 가지 약이 만들어질 때는 그 약이 우리 몸에서 어떤 작용을 하는지를 밝히는 것이 중요한데, 생물학자(생화학, 분자생물학 등 포함)는 우리 몸의 생리현상이 어떤 경로를 통해 일어나는지, 특정한 비정상적인 반응은 어떤 이유로 일어나는 것인지를 밝혀내는 연구를 합니다. 마치 우리 몸의 생리 현상 지도를 그려내는 일을 하는 것이죠. 약화학자들은 그 지도를 바탕으로, 반응들을 조절하는 물질을 만들어내서 새로운 질병의 치료제를 향해 길을 떠나는 탐험가라고 해도 좋을 것 같습니다.

그렇다면 약화학자는 어떤 방식으로 신약을 연구하고 있을까요?

첫째, 있는 길을 보수하여 더 좋은 길을 만드는 방법, 선도물질최적화 lead optimization입니다. 인류는 고대부터 갖가지 천연물로 생약을 만들어 질병을 치료해 왔습니다. 앞서 설명한 아스피린이 가장 잘 알려진 예죠. 이렇게 최초로 발견된 활성물질을 약효는 더욱 좋게, 부작용은 적게, 약물 흡수성은 높이고, 몸에 남아 있는 시간은 조절 가능하도록 약물의 구조를 최적화 시키는 것이 가장 많이 쓰이는 방법입니다. 이런 전략을 구사해서 아스피린보다 약효가 뛰어나고 부작용은 적은 이부프로펜, 인도메타신, 디클로페낙 등의 약이 개발되었습니다.

둘째, 없던 길을 만드는 것입니다. 그런데 길을 하나만 만들면 실패 확률이 높아지므로 많은 길을 한 번에 만드는 것입니다. 랜덤스크리닝이라고 불리는 이 전략은 무작위로 많은 화합물을 만들어 신약 후보물질을 찾아내는 것입니다. 하나의 플라스크에서 하나의 화합물을 만들어내는 것은 시간과 노력이 너무 많이 들기 때문에 1990년대 들어 조합화학(組合化學, combinatorial chemistry)라는 연구법이 등장했습니다. 한 번에 수천~수만 개의 다양한 화합물을 단시간에 합성하기 때문에 빠르고 효율적으로 화합물을 만들어낼 수 있습니다. 이렇게 만들어진 화합물은 도서관 형태로 저장되며 초고속으로 검색이 가능하기 때문에 신약 개발에 많이 쓰입니다.

마지막으로 탐험의 목적지를 미리 정확히 정해두고, 그 길로 가는 가장 빠른 길을 내비게이션을 이용하여 찾아가는 방법이 있습니다. 이는 분자모델링molecular modeling 을 통한 약물 설계Drug Design 라고 합니다. 위의 두 방식이 화합물을 미리 만들어 놓고, 그 화합물의 유용성을 찾아가는 방식이었다면 분자모델링은 반대로 질병의 원인에 관련된 유전자 및 단백질을 찾아내고 구조를 명확히 밝혀낸 후, 그 표적에 작용하는 저분자물질을 찾아가는 것이죠. 이러한 신약개발전략은 컴퓨터 분자설계기술이 발전하면서 유용해진 방법으로, 컴퓨터 시뮬레이션을 통하여 약물의 작용점을 추측하고 약물로서 개발 가능성을 예측할 수 있어 신약개발의 비용과 시간을 줄인다는 장점을 가지고 있습니다.

이러한 신약개발 방식을 통해 만들어낼 수 있는 화합물의 개수는 거의 무한대에 가깝다고 볼 수 있습니다. 그러나 현재까지 수많은 과학자들이 연구한 화합물의 수는 고대에서부터 천연물과 조합화학을 통해 대량으로 만들어낸 화합물의 수까지 모두 모아도 채 10^{20}개를 넘기지 못한다고 합니다. 또한 한 가지 화합물이 한 가지의 약효만 내는 것이 아니니 알려진 화합물의 발견되지 않은 효과를 찾아내는 연구까지 더해진다면 이 글을 읽고 있는 여러분들이 개발해낼 수 있는 선도물질의 수는 더 늘어나게 될 것입니다.

그렇다면 앞으로 어떤 화합물을 더 만들어낼 수 있을까요? 우리가 만들 수 있는 약품의 종류가 흔히 볼 수 있는 알약이나, 주사제 또는 물약 같은 화합물뿐인 것일까요?

이 질문에 대해 고민해보기 위해 다시 세포로 돌아가겠습니다. 우리

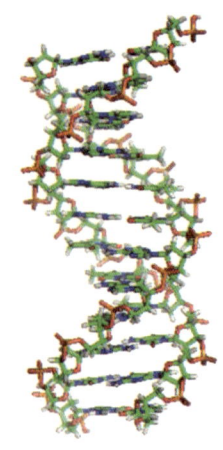

몸은 세포로 구성되어 있고, 각각의 세포는 고유한 유전정보를 DNA 염기 서열에 담아 보관하고 있습니다. 유전정보는 우리 몸을 구성하는 설계도의 역할을 하고, 그 유전정보에 따라 몸의 구성 요소들이 만들어져 아빠를 닮은 또는 엄마를 닮은 우리들의 모습이 만들어지는 것이죠.

유전자의 존재는 19세기 멘델의 완두콩 실험을 통해 밝혀졌지만, 유전자의 실체가 DNA라는 유전물질이라는 사실은 그로부터 100년이 지난 후에야 알려지게 되었고, DNA가 어떠한 구성과 구조로 이루어져 있는지는 1953년에 왓슨과 크릭의 연구에 의해 비로소 밝혀지게 되었습니다.

위 그림과 같이 DNA는 2개의 사슬 모양 분자가 얽힌 이중나선 구조인데, 이를 구성하는 각각의 사슬은 인산과 데옥시리보오스라는 당이 중심을 잡고, 그 위에 A(아데닌), T(티민), G(구아닌), C(시토신)의 4종류의 염기가 배열되어 있습니다. 다시 말하면 DNA는 인산과 당, 염기라는 3가지 요소가 반복적으로 구성된 사슬인데, 특이한 점은 4종류의 염기는 2개의 사슬 사이에서 'A와 T', 'G와 C'가 수소결합이라는 형태로 느슨하게 결합하고 있다는 점입니다. 이 결합은 서로를 손상시키지 않는 상태로 붙거나 떨어질 수 있어 DNA의 이중나선 구조를 안정적으로 유지시키면서도 복제나 전사 등의 활동을 통해 생명활동에 참가할 수 있다는 특성을 가지고 있습니다.

이 DNA는 질병을 치료하는 데 이용할 수 있습니다. 환자에게 없는 유전자나 필요한 유전자를 외부에서 삽입함으로써 유전적 결함을 치료하고 새로운 기능을 추가하는 것이죠. DNA를 이용한 치료법은 1990년 중증면역결핍증SCID에 걸린 여자아이를 완치시키면서 주목 받기 시작했습니다. 현재 많이 사용되고 있는 유전자 치료는 환자로부터 골수세포를 추출하여 배양하는 것인데 이 방법은 신체 내에 면역력에 영향을 주거나 암을 유발하는 등의 부작용이 있습니다.

유전자를 효과적으로 삽입하는 좋은 방법은 없을까요? 사실 유전자 치료는 DNA를 직접 투여하는 것이 아니라 바이러스를 이용하는데, 가장 좋은 해결책이라면 DNA를 직접 넣는 것입니다. 하지만 DNA는 환경에 대한 적응력이 낮아 의약품으로 이용하기가 매우 어려운 실정입니다. 건강한 유전 정보를 가진 DNA를 안정적으로 인체 내에 삽입할 수 있을까. 이 과제는 오늘날 많은 약화학자들이 몰두하고 있는 연구과제입니다.

고대에서부터 현재까지, 약초나 나무껍질을 질병의 치료에 이용하는 것부터, DNA를 합성하는 것에 이르기까지 이름을 다 기억할 수도 없는 수많은 과학자들이 끊임없이 연구하고 자신의 연구를 기록물로 남겨 인류가 건강한 삶을 살 수 있게 하는 과업에 묵묵히 자신의 몫을 수행해 왔습니다. 이 글을 읽고 있는 여러분들은 앞으로 어떤 것을 만들어낼 수 있을까요? 신약 개발의 연구에서 생각해본다면, 저처럼 화학을 공부해서 신약을 만들어낼 수도 있고, 생물학을 공부해서 안정성이 높은 바이러스 벡터를 연구할 수도 있을 겁니다. 또한 DNA의 생체 내 전달성을 높일 수 있는 나노튜브 같은 것을 개발하는 물리화학자가 될 수도 있겠지요.

이 다양한 가능성 속에서 가장 분명한 사실은 여러분은 모두 무엇이든 만들어낼 수 있다는 사실입니다. 길고 긴 약화학의 역사 속에서 여러분들이 기억해주었으면 하는 것은 바로 그 점입니다. 세포 속에 있는 DNA를 손으로 합성할 수도 있는 세상입니다. 여러분들의 두 손은 못할 것이 없습니다.

이지민 | 두 손으로 세상에 없는 새로운 화합물을 만드는 것이 재미있어 화학을 공부하고, 직접 만든 화합물들이 생체 내에서 어떻게 작용하는지 언제나 궁금한 약화학자. 현재 서울대학교 약학과 박사과정을 밟고 있다.

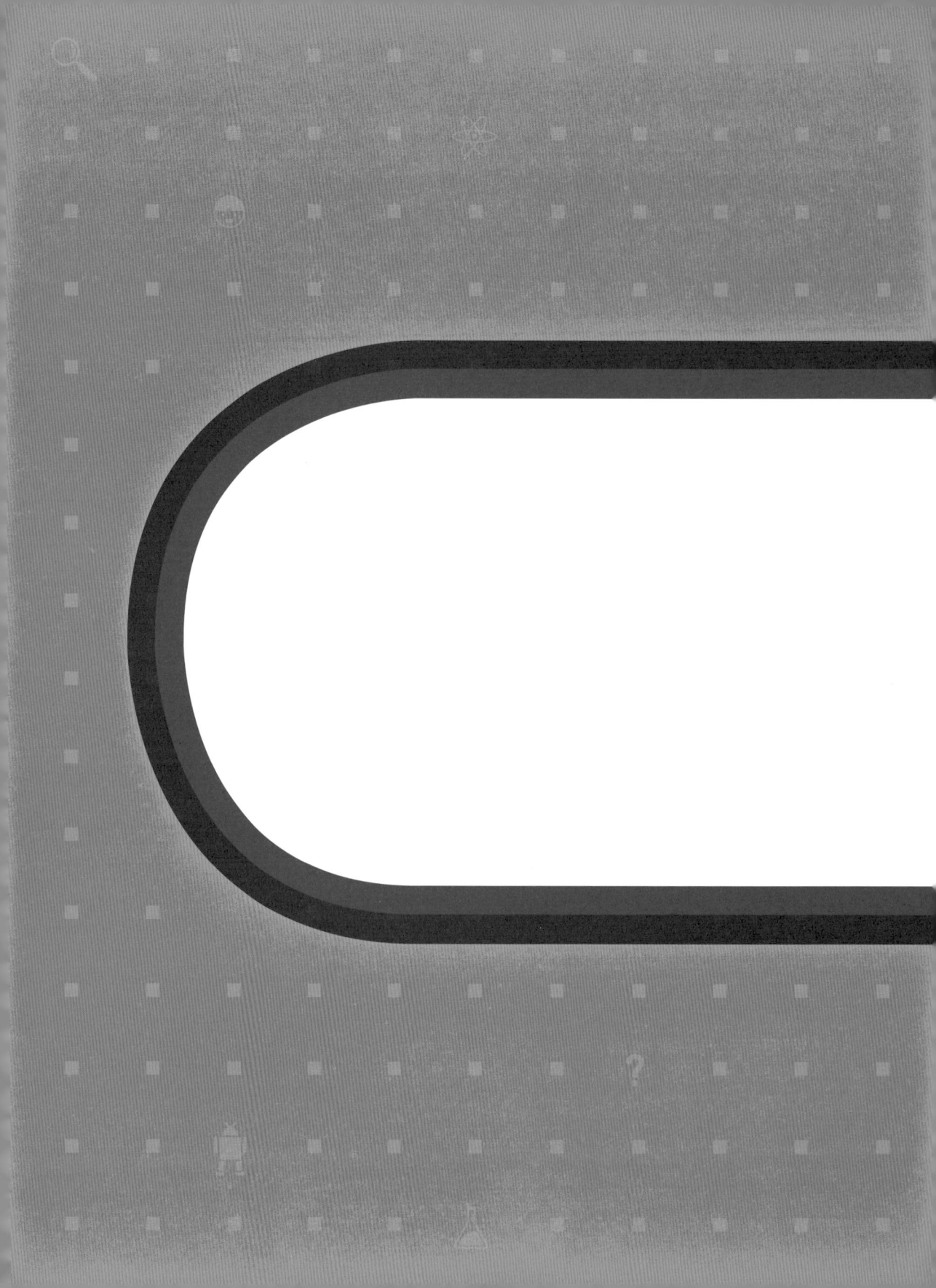

폴짝폴짝 뛰어오르기

| 과학 야외실습실 |

앞으로 나아가는 공은 공기와 맞부딪치며
강한 압력을 받습니다.
이때 공이 나아가는 방향과 반대로 회전한다면
공의 밑 부분은 힘을 강하게 받고
위쪽은 힘을 덜 받아 붕 하고 떠오르게 됩니다.
공을 던졌을 때 땅으로 곤두박질치지 않는 것은
바로 이 회전의 힘 때문이죠.

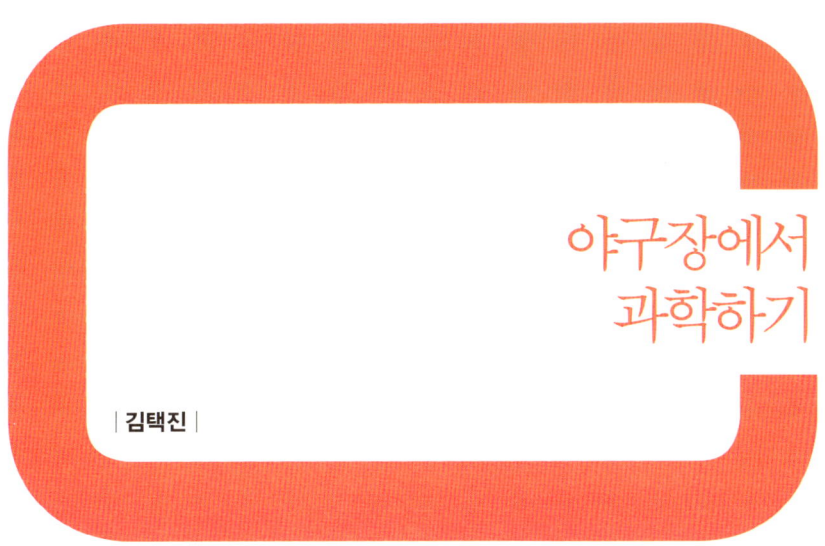

야구장에서 과학하기

| 김택진 |

■　안녕하세요. 저는 NC다이노스 구단주 김택진입니다. 엔씨소프트라는 온라인게임업체의 대표이사로 일하고 있습니다. 저를 NC다이노스 구단주라고 소개한 것은 최근 저희 회사에서 다이노스라는 야구단을 창단했기 때문입니다. 우리나라 프로야구 아홉 번째 구단이고요. 경상남도 창원이 연고지입니다.

여러분, 야구 좋아하시나요? 저는 야구를 굉장히 좋아해서 야구선수가 꿈이었습니다. 키가 조금만 더 컸더라도 야구선수가 되었을 거예요(하하하). 지금은 기업에서 일하고 있지만 꿈을 버리지 않고 야구단까지 창단했으니 여러분도 좋아하는 것을 끝까지 포기하지 않았으면 좋겠습니다.

오늘은 야구를 주제로 그 속에 어떤 과학이 숨어 있는지 이야기해보려고 합니다. 야구를 통해서 우리가 배울 수 있는 과학적인 사실들은 어

떤 것이 있는지 함께 살펴보도록 하지요.

야구를 모르는 친구들은 없을 것 같습니다. 룰이나 프로야구 역사 등에 대해서는 잘 몰라도 야구라는 스포츠는 다들 알고 있겠죠. 야구는 우리나라 사람들이 가장 좋아하는 스포츠로 꼽히고 있고 그 속에는 많은 꿈과 이야기들이 들어 있습니다. 여러 명의 젊은 선수들이 힘을 모아 경기를 하고, 관중들은 그들의 경기에 환호하고 거대한 함성을 보내주죠.

선수들은 자신의 역할에 따라 투수는 어떻게 하면 빨리 공을 던질 수 있을까, 외야수(수비수)는 어떻게 하면 멀리서 날아오는 공을 정확히 잡을 수 있을까, 타자는 어떻게 하면 공을 멀리 날려 보낼 수 있을까를 고민하며 끊임없이 훈련에 임합니다. 이렇게 야구는 여러 가지 프레임을 통해 인간의 한계를 뛰어넘는 도전을 보여주는 스포츠라고 할 수 있습니다.

야구에 숨어 있는 재미있는 과학을 보자면 크게 세 가지로 볼 수 있습니다. 투구의 과학, 공을 던지는 것에 관한 것이고요. 타격의 과학, 공을 쳐내는 것에 관한 것, 그리고 포구의 과학, 공을 받아내는 것으로 나눠 볼 수 있습니다.

그 이야기를 하기 전에 야구를 하기 위해 필요한 것들을 살펴볼까요. 가장 중요한 장비로는 배트, 나무를 깎아서 만든 배트가 필요합니다. 물론 배트로 쳐내는 공도 필요합니다. 야구도 다른 스포츠와 마찬가지로 규격이 있어서 배트의 길이라든지 재질, 야구공의 둘레, 무게 등 규격과 조건에 딱 맞게 만들어진 장비만을 사용합니다.

• 배트

재질 미국산 물푸레나무
일본산 백목

규격 배트 길이 106.7cm 이하
배트 끝 얇은 부분 지름 7cm 이하
무게 제한 없음

조건 하나의 목재로만 만들어야 함
접착, 보조물체 삽입 불가
담황색, 다갈색, 검은색만 가능

• 야구공

규격 무게 – 평균 145g
둘레 – 평균 23cm

재질 코르크 + 고무
굵은 실 2종 + 가는 실 1종(약 358m)
소 등가죽 2쪽
빨간 실 솔기 108개

이 야구공에도 재미있는 사실들이 숨어 있습니다. 여러분, 야구공을 어떻게 만드는지 혹시 알고 있나요? 야구공은 속공에 양모를 감고 그 위에 소가죽을 입히고 빨간 실을 수작업으로 일일이 꿰매어 만들어집니다. 한 경기당 야구공이 160개까지 소비되는데 야구공을 만들 때 들어가는 소가죽의 양을 전부 합치면 한 경기에서 소 한 마리만큼의 가죽이 없어지는 셈이라고 합니다.

투구의 과학

그럼 본격적으로 야구 속에 숨어 있는 과학 이야기를 시작해볼까요.

투수가 야구공을 던졌을 때 공이 날아가는 모습을 자세히 보면 곧바로 날아가기도 하지만 휘면서 들어가기도 합니다. 이것은 공이 회전을 하기 때문인데요. 우리가 자전거를 타거나 차를 타고 갈 때 창밖으로 손바닥을 펼쳐보면 바람의 힘이 느껴지잖아요. 그 힘은 야구공이 공중을 날아갈 때도 똑같이 작용합니다. 그림을 같이 볼까요.

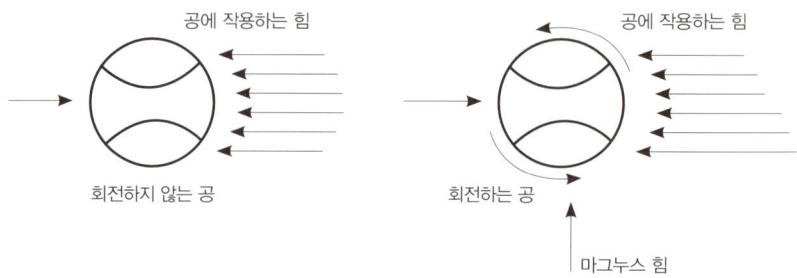

왼쪽은 회전하지 않고 날아가는 공의 모습입니다. 오른쪽은 앞으로 나아가는 방향의 반대방향으로 회전하며 날아가고 있는 공입니다. 그런데 야구공이 회전 없이 앞으로 곧바로 날아간다는 것은 굉장히 힘든 일입니다. 투수의 손을 떠나면 공은 어떤 형태로든 회전이 발생하게 되죠. 회전이 생기면 이 야구공에 미치는 힘이 달라집니다.

앞으로 나아가는 공은 공기와 맞부딪치면서 강한 압력을 받습니다. 이때 공이 진행방향과 반대로 회전한다면 공의 밑부분은 힘을 강하게 받고 위쪽은 힘을 덜 받아 붕 하고 떠오르게 됩니다. 공을 던졌을 때 땅으로 곤두박질치지 않는 것은 바로 이 회전의 힘 때문에 공이 위로 떠오르는 것입니다. 구스타프 마그누스라는 과학자는 공이 회전할 때 방향이 바뀔 수 있다는 것을 발견합니다. 이것이 바로 마그누스 효과라는 것입니다. 마그누스에 따르면 회전하는 공은 날아가면서 아래쪽에서 높은 압력을 받고 위쪽은 압력이 약해져서 중력이 없다면 점점 위로 솟아오르는 볼이 될 것이라고 했습니다. 반대로 공이 회전을 하지 않는다면 지구가 끌어당기는 힘, 바로 중력 때문에 아래로 떨어지고 말겠죠.

타자는 이러한 사실을 알고 있기 때문에 투수가 공을 던지면 공이 아래로 떨어지면서 날아올 것이라 예측하고 배트를 휘두릅니다. 하지만 이때 투수는 공에 회전을 넣습니다. 공은 회전하며 마그누스 효과에 따라, 타자가 생각하는 것만큼 떨어지지 않고 높이를 유지하며 날아옵니다. 공이 떨어지며 올 것이라고 예측한 타자는 그 지점을 예상하고 배트를 휘두르지만 실제로 공은 떨어지지 않은 채 날아오기 때문에 타자는 공을 치지 못하거나 공의 밑부분을 쳐서 높이 뜨는 공, 즉 뜬공이 나와 아웃당하게 됩니다.

투수가 야구공을 잡는 여러 가지 방법

투수가 던지는 대표적인 방법은 가장 빠른 직구, 그리고 회전에 따라 공의 경로가 바뀌는 변화구가 있습니다.

직구는 말 그대로 공을 똑바로 던지는 것입니다. 같은 직구라도 투수가 공을 어떻게 잡고 던지느냐에 따라 공이 최종적으로 도착하는 높이가 달라지는데요. 야구공을 잘 들여다보면 108개의 실밥으로 묶여 있는 것을 볼 수 있죠. 바로 이 솔기들이 공기와 부딪치면서 다양한 힘을 내게 됩니다. 실밥의 선을 세로로 두고 잡으면 공이 회전하면서 2줄의 실밥선이 공기와 부딪칩니다. 실밥의 선을 가로로 두고 공을 잡으면 공이 회전하며 앞으로 나아갈 때 4줄의 실밥선이 공기와 마찰을 일으키죠. 야구에서는 이것을 투심 two seam, 포심 four seam이라고 부릅니

다. 포심으로 던질 때는 같은 회전이라도 4개의 실밥선이 공기와 마찰을 일으키기 때문에 투심으로 던질 때보다 공이 아래로 떨어지지 않습니다. 이렇게 투수가 공을 잡는 방법에 따라 구질이 달라지기 때문에 투수는 공을 던질 때 글러브 안에 손을 숨겨서 공을 잡고 던지는 것입니다.

투수는 공에 회전을 위아래로만 넣는 것이 아니라 다양한 방식으로 회전을 넣습니다.

스포츠 뉴스 기자 : 칼날 같은 슬라이더, 체인지업까지 투수의 투구력에 모두 깜짝 놀랍니다. 초고속 카메라에 담긴 직구는 최고시속 152km로 날아가며 총 21번 회전을 합니다. 회전이 많은 공일수록 끝까지 힘을 잃지 않고 타자를 압도하는데, 일본의 정상급 투수들 가운데서도 20회전 이상의 공을 던지는 선수는 흔치 않다고 합니다.

다음은 슬라이더. 시속 144km짜리 슬라이더가 14번째 회전에서 오른쪽으로 예리하게 꺾여 들어갑니다. 슬라이더가 위력적인 이유는 직구처럼 빠르게 들어오던 공이 갑자기 밖으로 휘면서 헛스윙을 유도할 수 있기 때문입니다.

공 속도를 줄여 타자를 속이는 체인지업도 놀랍습니다. 손목을 틀어서 던진 공이 9번째 회전에서 잠깐 멈추는 듯하다, 역회전이 걸리면서 반대편으로 떨어집니다.

스포츠 기자가 설명해주는 변화구의 모습을 들어봤습니다. 어때요? 멋있고 신기하죠? 커브볼은 손목을 틀어서 던집니다. 커브볼은 직구와 정반대로 위쪽의 압력이 세지기 때문에 타자 앞에서 뚝 떨어지는 공이 됩니다. 직구처럼 날아오다 갑자기 푹 꺼지는 것이죠. 우리는 배트를 가로로 두고 휘두릅니다. 그러니까 공이 좌우로 변화를 줘 들어온다면 배트 어딘가에 맞을 확률이 높지만 위아래로 뚝 떨어지면 배트 폭이 짧으니 치기 굉장히 어려워지겠죠. 타자들은 이 커브볼을 무척 힘들어했습니다. 그래서 스트라이크존을 좁히기도 했죠.

우리나라에서 커브볼을 제일 잘 던졌던 선수가 바로 최동원 선수입니다. 최동원 선수의 커브볼은 드라마틱하게 위에서 뚝 떨어지는데 어느 정도의 힘을 만들어내는 가 하면, 타자의 입장에서 볼 때 공이 날아오다 떨어지는 것이 아니라 공중에서 바로 박히는 듯한, 마치 2층 베란다에서 1층으로 공을 던지는 듯한 느낌을 받는다고 합니다.

슬라이더는 위아래로 변화가 생기는 커브볼과 달리 좌우로 변화가 일어납니다. 타자 가까이로 들어오다가 바깥쪽으로 미끄러지듯 빠지는 공이죠.

빠른 볼과 단순한 변화구에 익숙해진 타자들의 타율이 높아지고 있던 가운데 커브볼이 나타나면서, 타자는 눈앞에서 뚝 떨어지는 이 변화구를 치기가 점점 어려워졌지요. 그래서 위에서 말씀드린 것처럼 야구협회에서는 스트라이크존의 높이를 작게 만들어서 커브볼의 스트라이크 확률을 줄였습니다. 그렇게 커브볼로 스트라이크를 만들어내는 것이 어려워진 투수들이 새롭게 발명한 구질이 바로 체인지업입니다.

체인지업은 빠른 공과 변화구의 사이에 있는 공입니다. 체인지업은 속구를 던지듯 직구를 강하게 던지는데 공을 잡는 법을 달리해서 회전을 줄이는 것입니다. 그럼 공은 직구처럼 빠르게 날아가지만 회전이 적게 들어가 공기의 저항을 더욱 많이 받게 되죠. 그래서 체인지업은 직구처럼 출발하지만 공기의 저항을 많이 받아 끝으로 갈수록 속도가 느려지는 공입니다.

움직이는 물체는 계속 움직이려는 성질 때문에 다른 곳에서 힘이 들어오지 않는 한 갑자기 방향이 바뀔 수는 없습니다. 직구처럼 직선으로 날아가다 휘는 것은 물리학적으로 가능하지 않죠. 그렇다면 커브볼, 슬라이더, 체인지업 등의 변화구는 어떻게 움직이는 것일까요? 그래서 과학자들이 초고속 카메라로 실험을 해봤어요. 공이 날아가다 정말 갑자기 휘는지 테스트해보기 위해서지요. 확인 결과 날아가다 갑자기 휘는 것은 불가능하며 공 자체는 연속적으로 부드럽게 휘는 볼인데 중요한 것은 타자의 입장에서 봤을 때 급격하게 휘는 것처럼 보인다는 것이지요. 이런 현상은 왜 일어날까요? 바로 인간의 뇌가 정보를 처리할 때 나오는 오류 때문입니다. 이 이야기는 앞으로 차근히 설명 드릴게요.

나도 마구를 마구마구 던지고 싶어요

직구, 변화구 그리고 그 사이에 있는 체인지업 외에도 스크루볼, 자이로볼, 너클볼이라는 것도 있습니다. 이것이 바로 마구(魔球)라고 불리는 것들입니다. 여러분도 마구 한번 던져보고 싶지 않으세요? 자, 마구는 어떤 것인지 살펴보죠.

스크루볼은 역회전을 하는 커브볼이라고 말합니다. 공의 회전을 반대로 넣는 것이죠. 사람의 인체구조상 회전을 반대로 넣는 것은 굉장히 어렵기 때문에 마구라고 부릅니다. 오른손 투수가 던지면 오른손 타자의 몸 가까이로 공이 꺾이며 들어오고 왼손 타자의 입장에서는 몸 바깥쪽으로 꺾여 뚝 떨어져 들어옵니다.

한때 박철순 선수가 던졌다고 하는 너클볼은 아예 회전을 넣지 않은 볼입니다. 회전을 일으키지 않으면 공이 공중을 날아가다 공기와 부딪치면서 힘을 만들어내는데 그 힘이 어떻게 나올지 모르는 볼이 너클볼입니다. 그러니까 던진 투수도 공이 어떻게 휠지 모릅니다. 그래서 너클볼을 던지면 포수도, 투수도 예상을 하지 못합니다.

　마지막으로 자이로볼입니다. 자, 총알을 생각해볼까요? 총알은 날아갈 때 꽈배기처럼 회전하면서 날아갑니다. 즉, 나아가는 방향의 수직으로 회전이 만들어지는 것이죠. 이것이 바로 자이로볼입니다. 진행방향에서 직각으로 계속 회전하는 것입니다. 자이로볼의 효과가 총알과 같다고 생각하면 됩니다. 총알은 왜 회전하나요? 떨어지지 않고 계속 날아가기 위해 회전을 하는 것입니다. 따라서 자이로볼은 다른 볼과 다르게 도중에 공기에 의해 느려지는 현상이 상대적으로 적습니다. 출발했던 속도 그대로 타자에게 도착하니 굉장히 위력적이죠. 그리고 수직으로 회전하기 때문에 어느 방향으로 휠지 예측할 수 없습니다. 너클볼처럼 자이로볼은 마음대로 휘는 볼이죠.

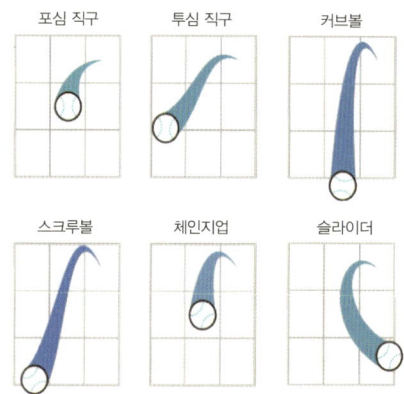

타격의 과학
이번에는 타격의 과학에 대해 얘기를 나눠보겠습니다. 공이 날아오면 타자는 타격을 하는데 공이 배트에 맞는 순간 공에 가해지는 힘의 크기는 약 2톤 가까이 된다고 합니다.

타격 순간 공에 가해지는 힘: Favg = 18,436N = 1,870.61kg

공이 날아와서 배팅을 하는 순간까지 타자의 몸에서는 무슨 일이 일어날까에 대해서도 생각해보죠. 보통 투수가 시속 145km 정도의 직구를 던지면 공이 홈 플레이트에 들어오기까지 약 0.4초가 걸린다고 합니다. 이 짧은 시간 동안 타자는 투수가 던진 공을 받아쳐야 합니다.

자, 투수가 공을 던집니다. 타자는 공을 보고 있죠. 공의 색깔이 눈에 들어오지만 그 정보가 바로 뇌에 도달하는 것은 아닙니다. 왜냐하면 눈에 반사된 광선이 뇌에 들어오려면 망막에 상이 맺혀야 하는데 빛이 들어왔을 때 망막이 활성화되어 형상이 맺히는 데 0.025초가 걸립니다. 그리고 그것이 시신경을 통해 뇌에 전달되는 데 0.03초가 걸리고 이것이 공이라고 인식하는 데 또 0.02초가 걸립니다. 따라서 공이 떠나자마자 뇌에 전달되기까지 총 0.075초가 걸린다고 볼 수 있습니다.

그다음 그 공을 파악하고 판별하는 과정을 거치는데 그 시간은 뺐습니다. 공을 파악하는 데도 시간이 걸리지만 이 시간을 제외하고도 어떤 타격으로 칠지 결정하는 데 0.05초가 걸립니다. 그리고 그 결정대로 온몸의 근육에 정보를 전달하는 데 0.025초가 걸리고 신호에 의해 근육을 움직여 타격을 하기까지 다시 0.05초가 걸립니다.

이렇게 해서 총 합해보면 투수의 손에서 공이 떠나서 타격에 이어지기까지 0.3초가 걸립니다. 그렇다면 0.1초가 남지요? 타자는 이 공이 볼일까, 스트라이크일까, 어떻게 칠 것인가를 바로 0.1초 만에 결정해야 합니다.

이러한 시간적 정보를 알아낸 과학자들은 타격이라는 것이 과연 시간으로만 따졌을 때 정말 사람이 해낼 수 있는 활동인가를 연구했습니다. 하지만 수많은 야구선수들이 이미 공을 치고 있죠? 우리가 흔히 보았던 움직임이 실은 얼마나 어려운 것인가를 느끼게 해주는 사실입니다.

이렇게 따진다면 홈런을 친다는 것은 얼마나 굉장한 것일까요? 인간의 엄청난 능력을 발휘해서 스윙을 해야 하고 배트의 가장 적절한 타점인 스위트 스폿을 맞춰야 하고 습도와 기온도 잘 맞아야 합니다. 습기는 무슨 상관이 있냐고요?

미국의 쿠어스라는 구장은 투수들의 무덤이라고 불립니다. 왜냐하면 이 구장은 고지대에 위치해 있는데 공기가 희박한 고지대에서는 공이 날아갈 때 공기의 저항을 덜 받습니다. 따라서 투수가 공을 던졌을 때 공기와 마찰을 일으키며 회전이 일어나야 변화구가 발생하는데 이곳에서는 공기가 희박해 마찰이 잘 일어나지 않아 변화구가 작동하지 않고 거의 직구로 날아갑니다. 타자는 공을 치기가 훨씬 쉬워지는 것이지요. 또한 공기가 희박하니 마찰 없이 공이 멀리 날아가게 돼 이 구장에서는 홈런도 많이 터집니다. 따라서 이 구장은 홈런도 많고 아무리 우수한 투수라도 변화구를 던질 수 없기 때문에 망신을 당할 수 있는 구장이었습니다. 쿠어스 구장 관계자들은 많은 고민을 했습니다. 야구가 재미없어지기 때문이죠. 펜스를 뒤로 물려 홈런이 나오기 힘들게 만들자는 의견도 있었지만 근본적인 해결책은 아니었죠. 그래서 이 구장이 고안해낸 방법은 야구공을 습기가 많은 창고에 보관하는 것이었습니다. 이 공은 수분을 많이 먹고 있기 때문에 공기와 마찰을 일으키기 쉬워 위와 같은 현상이 덜하게 되는 것이죠. 수분 먹은 야구공을 쓰기 전에는 홈런

이 268개가 나왔지만 이 공을 쓴 후로는 200개 미만으로 줄었습니다. 과학을 알기 때문에 가능한 일이었습니다.

포구의 과학

누군가가 멀리 친 공을 받는다고 할 때 굉장히 당황스러운 것은 거리감이 정확하게 파악되지 않는다는 점입니다. 공이 공중에 떠 있을 때 앞으로 달려가서 받아야 하는지, 뒤로 가서 받아야 하는지에 대한 판단이 쉽지가 않은 것입니다. 공을 잡는 것은 타격과 마찬가지로 과학적으로 보았을 때 굉장히 신기한 일입니다.

어떤 것이 가까이 있고 멀리 있는지 알 수 있는 것은 우리의 눈이 두 개이기 때문에, 왼쪽 눈과 오른쪽 눈의 각도 차이로 알 수 있습니다. 그런데 우리가 육안으로 원근감을 판단할 수 있는 거리는 약 6~9m라고 합니다. 9m를 넘어가면 얼마나 멀리 있는지, 얼마나 가까이 있는지 판단할 수 없습니다. 그런데 투수와 타자의 거리는 얼마나 될까요? 일반적으로 타자와 투수 사이의 거리는 약 18m입니다. 그러다 보니 투수가 공을 던졌을 때 그 공이 얼마나 빨리 날아오는지 사실은 잘 모르는 것입니다. 외야수라면 그 어려움은 더 커지겠죠. 공이 공중에 떠 있을 때 그 높이는 실제 가늠하는 것이 어렵고 단지 하늘에 떠 있다고 느낄 뿐입니다. 거리감을 느낄 수 있는 9m 안으로 공이 들어왔을 때서야 공을 잡으러 쫓아가면 이미 공은 땅에 떨어집니다.

인간은 과연 어떻게 공을 잡을 수 있는 걸까요? 나를 향해 공이 날아온다고 생각해보죠. 공의 궤적을 선으로 이어봅시다. 공이 보였던 곳에 점을 찍고 그 점을 이으면 공이 나에게 날아온 순간까지의 궤적이 그려질 거예요. 보통 공이 나에게로 오는 것을 보면 일정한 속도로 보이는 경우가 많지만 갑자기 느려지는 부분도 있고 빨라지는 구간도 있습니다. 느려지는 부분에서는 빨리 공을 향해 쫓아가야 하고 점점 더 빨라지는 듯한 느낌이면 뒤로 넘어가는 공이기 때문에 뒤로 물러나서 잡습니다.

인간의 몸에는 또 하나의 비밀이 있습니다. 사람은 속도가 빨라지고 느려지는 것을 판단할 때 그 차이가 20%를 넘지 않으면 인식할 수 없습니다. 즉, 점점 빨라지는데도 현격하게 빨라지지 않는 한 빨라지는 것을 잘 느낄 수 없다는 것이죠. 그래서 공이 날아올 때 날아오는 것을 보고 '여기 떨어지겠군' 하고 마크를 하면 대부분 틀립니다. 이때는 가만히 서서 날아오는 것을 받으려 하지 말고 야구선수처럼 위아래로 몸을 움직이면서 마크를 합니다. 내가 가속도를 느끼지 못하기 때문에 스스로 가속도를 만들어서 공을 정확하게 캐치할 수 있는 것이죠.

지금까지 한 이야기를 종합해보면 투수가 공을 던지고, 배팅을 하고 공을 잡는 과정을 물리적으로만 따졌을 때 야구는 불가능한 스포츠입니다. 칠 수도 없고 받을 수도 없는 스포츠. 하지만 뇌가 만들어낸 신비로움 때문에 타자는 야구공을 칠 수 있고 수비는 공을 잡을 수 있습니다. 과연 뇌와 야구는 어떤 관계가 있을까요. 다음 강의에서 함께 알아볼까요?

김택진 | 서울대학교 공과대학에서 전자공학을 공부했다. 1997년 엔씨소프트를 창립한 후 '닮고 싶은 과학기술인', '변화를 주도하는 인물', '영 글로벌 리더' 등에 선정되며 기술 경영, 문화콘텐츠 분야에서 활발히 활동하고 있다. 어렸을 때 꿈이 야구선수였을 정도로 야구를 좋아해 최근에는 NC다이노스프로야구단을 창단하기도 했다. 꿈을 실현시키는 방법에는 여러 가지가 있음을 전해주고 싶어 10월의 하늘을 통해 청소년들과 만났다.

공이 타석까지 들어오는 시간은 약 0.4초.
공이 날아오는 것을 보고 어떤 공인지 판단하고
거기에 맞게 타격 방법을 떠올리기에는
터무니없이 짧은 시간이죠.
하지만 타자들은 공을 쳐냅니다. 홈런도 날리죠.
바로 거울뉴런이 있기 때문이에요.
뇌를 통해 야구라는 스포츠가 어떻게 가능한지 살펴보겠습니다.

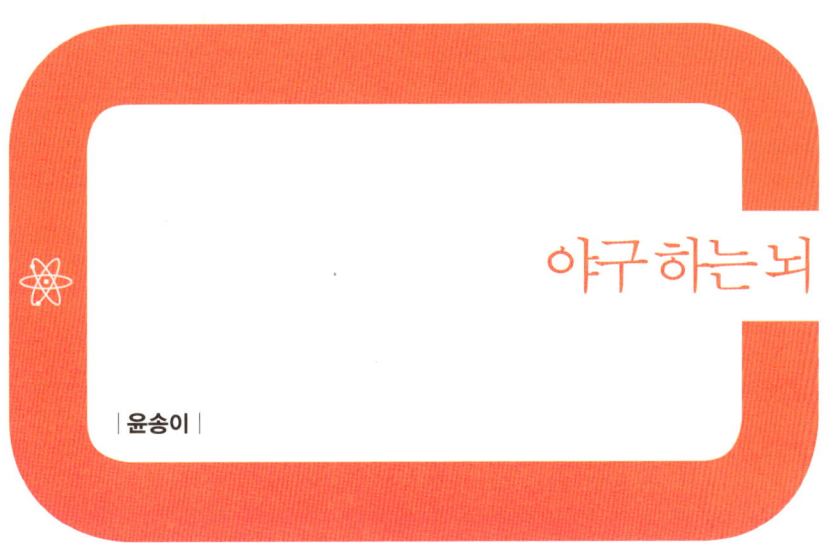

야구하는 뇌

| 윤송이 |

■ 　　저는 매사추세츠공과대학 대학원에서 컴퓨터 신경과학을 공부했습니다. 아직도 현대과학이 다 풀지 못한 복잡한 뇌. 이 뇌를 들여다보며 여러분과 함께 뇌의 신비로움을 느껴볼까 합니다. 특히 인간의 뇌와 야구는 어떤 관계가 있는지 소개합니다. 뇌에서 야구라는 것을 어떻게 감상하고 즐기며 선수들은 어떻게 야구를 더 잘하게 되는지 설명해 드리겠습니다.

가장 흥미로운 장기, 뇌

여러분은 뇌와 얼마나 친한가요? 뇌라고 하면 막연하게 머리 속에 든 기관이며 사람의 의식을 관장하는 곳이라고 느끼고 있지요? 일단 뇌에 대해 전반적으로 알아봅시다.

　뇌는 머리뼈 안에 들어있는 기관입니다. 인간이 가지고 있는 내장기관 중 가장 신비로운 기관이죠.

　사람의 뇌를 CT 스캔으로 찍어보면 뇌는 하나의 덩어리로도 되어 있습니다. 하지만 뇌는 하는 일이 엄청나게 많아요. 흔히 우리는 뇌를 '생각하는 기관이다'라고 말하는데 생각이라는 것은 또 뭘까요?

　생각은 공이 날아오는 것을 보고 즉, 눈이나 코, 귀와 같은 감각기관들로 들어온 정보를 '아, 이것은 공이구나, 시냇물 소리구나, 맛있는 냄새구나'라고 판단하는 것도 생각입니다. 감정을 느끼는 것도 생각이라고 할 수 있죠. 슬프다, 지루하다, 기쁘다 하는 감정을 느끼는 것도 모두 뇌에서 하는 일입니다.

　뿐만 아니라 항상성을 유지하는 일도 뇌가 합니다. 계속해서 심장이 뛰고 폐가 작동하는 등의 항상성을 유지하는 것을 뇌가 담당하고 있죠. 뇌는 겉으로 보기에는 하나의 덩어리로 보이지만 각 부분은 서로 하는 일이 모두 다릅니다. 각 부분이 어떤 식으로 작동하고 어떤 일을 담당하는지 분석하는 것이 뉴로 사이언스, 뇌과학이라고 할 수 있습니다.

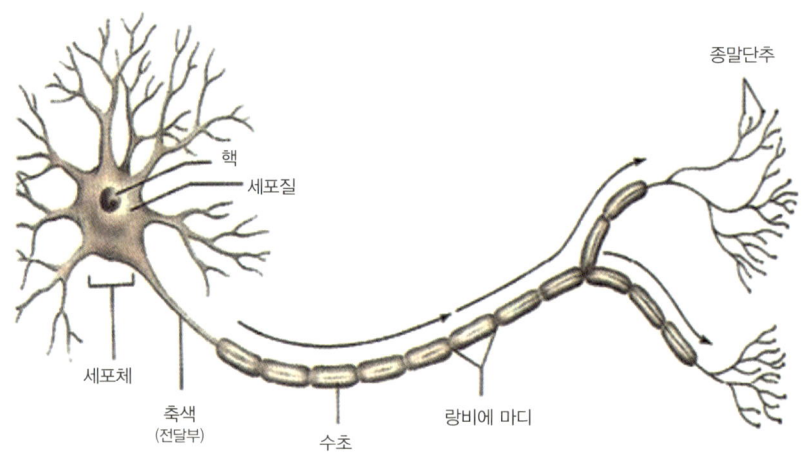

먼저 과학자들은 뇌를 해부해보고 분해해서 뇌가 1조 개가 넘는 신경세포로 이루어졌다는 것을 알아냈습니다. 여러분이 아시다시피 사람의 몸은 세포로 이루어져 있고 어느 부분인지에 따라 그 세포의 모습은 조금씩 다릅니다. 특별히 뇌를 구성하는 세포를 뉴런이라고 합니다. 이 뉴런들은 서로 연결이 되어 있고 뉴런과 뉴런이 전기적인 신호를 주고받으면서 생각도 하고 감정도 느끼고 판단도 합니다.

망막으로 들어온 시각 정보는 시신경세포 뉴런을 타고 시각피질^{visual cortex}, 여러분의 뒤통수에 해당하는 부분으로 가죠. 신우가 옆에 있는 뉴런에게 '내가 이런 것을 받았는데 둥그렇고 하얀 것이었어'라고 하면 그 정보들이 모여 '이것이 공이구나'라는 사물에 대한 판단이 생깁니다. 그것이 바로 내 눈앞에 있다는 위치에 대한 판단은 이마에 해당하는 뇌의 중간쯤에 위치해 있고요. '이 공을 쳐야겠다, 치지 말아야겠다'는 인지적 판단을 하는 부분까지 시신경을 타고 뇌 각 부분에 전달되면서 서로 다른 판단도 하고 명령도 내립니다.

뇌에서 어떤 일이 일어나고 있는지를 연구하는 방법은 여러 가지가 있습니다. 뇌과학에 관심이 있던 친구들이라면 익숙할 텐데요. 가장 흔히 쓰이는 방법이 뇌 전극기^{brain electrode}를 이용하는 것입니다. 뉴런이라는 것은 전기신호를 통해 서로 신호를 주고받기 때문에 뇌에서 어떤 뉴런이 활성화되고 있다면 전기신호가 발생하죠. 원숭이의 두개골을 이용에 전극기를 장착하고 그 신호를 읽어내는 방법입니다.

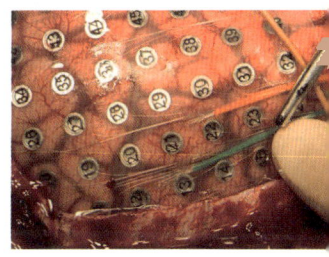

원숭이 두개골을 톱으로 자르면 뇌가 막에 싸여 있습니다. 그 막을 갈라내고 피를 제거하면 뇌가 노출됩니다. 이 뇌에 격자 모양으로 전극을 심습니다. 그리고 원숭이를 실험의자에 앉히고 바나나를 보여주면 이 전극 중 어느 한 곳이 반짝이는 신호를 보냅니다. 그러면 '아, 이곳이 시각정보를 인지하는 곳이구나'라고 알 수 있게 되는 것이죠.

원숭이의 경우도 높은 수준의 판단을 하는 부분이 있는데 사람에게도 역시 적용되는가 검증해보는 것이 필요합니다. 원숭이의 뇌를 통해 실험을 할 수 있지만 사람의 뇌는 실험을 할 수가 없죠. 그래서 fMRI라는 것을 씁니다. 커다란 기계에 집어넣고 뇌를 촬영하는 것이죠. 의학 드라마에서 많이 보셨죠?

이러한 여러 가지 과정을 통해 사람들이 알아낸 것은 뇌라는 기관이 하나의 커다란 덩어리처럼 보이지만 사실은 여러 가지 기능을 수행하는 각각의 기관으로 구성되어 있다는 것이었습니다. 여기에 이름을 붙이는 작업도 합니다.

뉴로 사이언스는 역할에 대한 것, 즉 정보들이 어떻게 흐르고 뇌의 각 부분이 어떤 기능을 담당하는 것인가를 연구하는 동시에 신경 세포 각각에 대해서도 공부를 합니다. 여러분, 우리 신체 중 가장 민감한 부위는 어디일까요? 신체 부위 중에 민감도를 비교해보면 손이 팔보다 민감합니다. 혀도 매우 민감하죠. 면적은 작지만 느낄 수 있는 것이 아주 많습니다. 허벅지나 종아리보다 훨씬 더 자세히 많은 것을 느낄 수 있죠. 이러한 것이 바로 뇌에도 나타납니다.

왼쪽 사진은 '호문 클루스'라고 뇌과학에서 가장 유명한 그림인데요. 사람의 몸을 뇌에 맵핑시켜본 것입니다. 뇌에 있는 신경 개수에 비례해서 사람의 몸을 다시 구성하면 손이 크고 혀가 발달되어 있는 모습이 됩니다. 몸의 다른 부분은 비교적 간단하게 되어 있죠. 손하고 입술이 민감하다는 것은 뇌 속에 그것을 담당하는 뉴런들이 그만큼 더 많이 있다는 것을 의미합니다.

뇌와 진화

뇌를 들여다보고 공부하다 보면 사람이 어떻게 진화해왔는가, 인간은 왜 이렇게 적응력이 뛰어난가에 대해서도 알 수 있습니다.

예를 들어 우리가 쉽게 생각하는 걸음마가 있습니다. 사람은 누구나 자라서 한두 살이 되면 걷게 됩니다. 하지만 걷는다는 것은 정말 경이로운 일입니다.

휴머로이드 로봇를 생각해봅시다. 일본 혼다에서 만든 걸어 다니는 로봇은 또 어떤가요? 바닥에 카펫을 깔아놓거나 경사면을 만들어놓으면 잘 걷지 못합니다. 정확하게 예측된 환경만을 가정하고 만들어졌기 때문에 환경이 변하면 걸을 수가 없지요.

하지만 사람이나 동물들은 그렇지 않아요. 뇌가 있는 포유류들은 어떤 환경에서 태어날지 알지 못하더라도 적응력이 뛰어나죠. 말이나 사슴은 태어난 지 몇 시간 후에 걸을 수 있습니다. 태어났을 때의 환경이 모래밭일 수도 있고 나무 바닥일 수도 있고 시멘트 바닥일 수도 있습니다. 경사면일 수도, 평지일 수도, 바위산일 수도 있지만 곧 적응하여 걸을 수 있게 됩니다.

적응력을 높이기 위해 모든 정보를 갖고 태어날 수는 없어요. 풀밭에서는 이런 정도로 걷고, 경사면에선 이렇게 걷고, 큰 동물은 위험하니까 피하라는 세세한 정보가 다 들어 있다면 뇌의 용량이 너무 크거나 태어날 때 알아야 할 것들이 너무 많을 거예요. 하지만 우리는 이런 것을 간략화해서 주어진 환경에 잘 적응하고 살아갑니다.

이것을 도와주는 것은 감정도 한몫을 합니다. 사람들은 가끔 우리가 느끼는 감정에 대해 중요하게 생각하지 않는 경향이 있습니다. 이성적인 것, 계산하는 것, 자료에 따라 예측하는 것만 중요하다고 생각하지만 사람이 적응력이 뛰어날 수 있었던 것은 바로 이 감정 때문입니다.

사람의 뇌에는 본능적으로 '컴컴한 것은 위험한 거야, 크고 소리가 사나운 것은 위험한 거야'라는 식으로 정보가 들어가 있습니다. 그래서 갓난아기들은 갑자기 어두워지거나 커다란 곰이 나타나면 처음 보는 것인데도 울음을 터뜨리죠. 본능적으로 방어하는 것입니다. 이러한 것들이 뇌에 저장되어 있는데 가장 단순한 정보만을 가지고 다른 정보들을 대입하며 많은 것을 알아가는 것이죠. 크고 사나운 것을 피하며 생존하다 보니 저것이 곰이고 저것이 호랑이라는 것을 알게 되는 식입니다.

이런 것은 뇌 속에 감정이라는 것으로 코딩이 되어 있습니다. 아이들이 채소를 싫어하는 것도 원시시대에는 독이 들어 있고 먹으면 배가 아프게 되는 식물들이 있었기 때문에 본능적으로 채소에 거부감을 갖고 꺼리는 것입니다. 이것은 인류의 생존을 위해 뇌가 진화를 해왔기 때문에 작용하는 것이라고 할 수 있습니다.

또 하나 알 수 있는 것은 인간의 뇌는 사람의 얼굴에 더 민감하게 반응한다는 것입니다. 예를 들어 황인종의 경우 백인의 얼굴을 잘 구분할 수 없지만 황인종끼리는 훨씬 더 자세하고 미묘한 차이를 알아낼 수가 있습니다. 어떻게 그런 것이 뇌에 기록이 되어 있는지 조사하다 보니 사람의 뇌 중에 '할머니 세포grandmother cell'라고 해서 자기 할머니한테만 반응하는 셀도 있다는 것을 발견했습니다.

아이가 태어났을 때는 일반적인, 직선이나 곡선만 인지하는 뇌의 신경세포만 있는데 얼마 지나지 않아 애착관계를 가지는 즉, 나의 할머니, 엄마, 아빠 등 내 인생에 중요한 존재에만 반응하는 뇌신경세포가 생긴다는 것입니다.

약간 아이러니하죠. 뇌라는 것이 가장 보편적이고 가장 최소한의 정보만을 가지고 적응성 높게 만들어진 반면, 아주 중요한 정보에 대해서는 뉴런 하나를 통째로 할당해서 중요하게 처리한다는 것입니다.

거울뉴런이 있어 가능한 것들

뇌과학자들이 연구하는 재미있는 뉴런이 몇 가지 있는데 그중 가장 재미있는 뉴런 중 하나가 바로 '거울뉴런'입니다. 혹시 들어본 적 있나요?

거울뉴런이라는 것은 이탈리아의 어느 대학에서 연구하던 대학원생이 발견했습니다. 거울뉴런을 발견하려는 연구가 아니라 원숭이가 바나나를 먹을 때 뇌의 어느 부분이 활성화되는가를 연구하고 있었죠. 그날도 원숭이를 데리고 전극기도 꽂고 여러 가지 실험을 하면서 뇌 연구를 하고 있었어요. 하지만 원하는 결과는 나오지 않고 원숭이는 말을 안 듣자 약간 지쳐 있는 상태에서 '에이, 바나나나 먹어야겠다' 하고 연구원이 바나나를 먹었지요. 그런데 놀랍게 원숭이에게 꽂아놓은 뇌 전극기에서 반짝반짝하는 신호가 들어왔어요. 원숭이가 바나나를 먹은 것도 아닌데 말입니다. 처음에는 뭔가 잘못된 것이 아닐까 했는데 알고 보니 직접 먹을 때뿐 아니라 누군가가 먹는 것을 볼 때도 자신이 먹는 것과 비슷한 반응이 머릿속에 일어난다는 것이죠. 이것이 바로 거울뉴런이라는 것입니다.

거울뉴런이 있기 때문에 사람들은 다른 사람의 감정을 이해할 수 있습니다. 아이들을 향해 웃어주면 같이 웃고 화난 표정을 하면 금방 겁을 먹잖아요. 아이들 머릿속에 거울뉴런이 있기 때문에 엄마 아빠의 감정을 이해하고 반응하는 것이죠. 즉, 거울뉴런은 사회생활을 어떻게 해야 하는가를 습득하게 하는 중요한 역할을 합니다.

거울뉴런은 단순히 다른 사람의 행동을 이해하는 것뿐 아니라 여러 부분에서 설명되고 있습니다. 자, 투수가 공을 던집니다. 투수가 서 있는 마운드에서 타자가 있는 타석까지의 거리는 약 18.44m라고 합니다. 보통 투수들이 던지는 공이 시속

140~150km라고 했을 때 공이 타석까지 들어오는 시간은 약 0.4초라는 것이죠.

0.4초라는 시간은 굉장히 짧은 시간입니다. 예를 들면 뜨거운 냄비에 손이 닿았을 때 사람들은 '아, 뜨거운 냄비에 손이 닿았네. 오래 닿아 있으면 화상을 입겠다'라는 판단을 하고 손을 떼지는 않습니다. 반사적으로 피하죠. 그것이 감각신경에서 반사에 해당하는 뇌 중추, 그리고 다시 몸을 움직이는 데 걸리는 시간이기 때문에 생각을 수반하지 않는 가장 짧은 시간이라고 할 수 있습니다. 그 시간이 바로 0.2초라는 거예요.

그렇다면 0.4초라는 시간은 얼마나 짧은 시간인가요. 공이 오는 것을 보고 생각을 하고 어떤 공인지 판단하고 거기에 맞는 방법으로 타격 방법을 떠올리기에는 터무니없이 짧은 시간이죠. 하지만 타자들은 공을 쳐냅니다. 홈런도 날리죠. 바로 거울뉴런이 있기 때문이에요. 투수가 공을 던지는 모습만 보고 머릿속의 거울뉴런을 활성화시켜 타격한다는 것입니다. 이것은 아주 많은 훈련이 있을 때에 가능합니다.

거울뉴런은 또 하나의 연구를 통해서 추론해볼 수 있습니다. 청각적 거울뉴런이라는 것이 있습니다. 이곳은 청각정보를 해석하는 기관입니다.

여러분은 피아노를 배운 적이 있나요? 피아노를 배운 사람이든 아닌 사람이든 피아노 소리를 들으면 청각에 반응하는 뇌 부분이 활성화됩니다. '아, 아름다운 피아노 음악이구나'라고 느끼는 것이죠. 하지만 여기서 피아노를 배운 적이 있는 사람이라면 추가적으로 손가락을 움직이는 곳에 해당하는 뇌 부분이 활성화됩니다. 피아노 소리를 들으면 '저 음악을 연주하는 사람은 손가락을 이렇게 움직이고 있구나'라는 청각적 거울뉴런이 활성화되는 것이죠.

오른쪽 그림에서 왼쪽 두 라인의 뇌는 피아니스트의 뇌이고 오른쪽 두 라인의 뇌는 피아니스트가 아닌 사람의 뇌입니다. 같은 음악을 들려

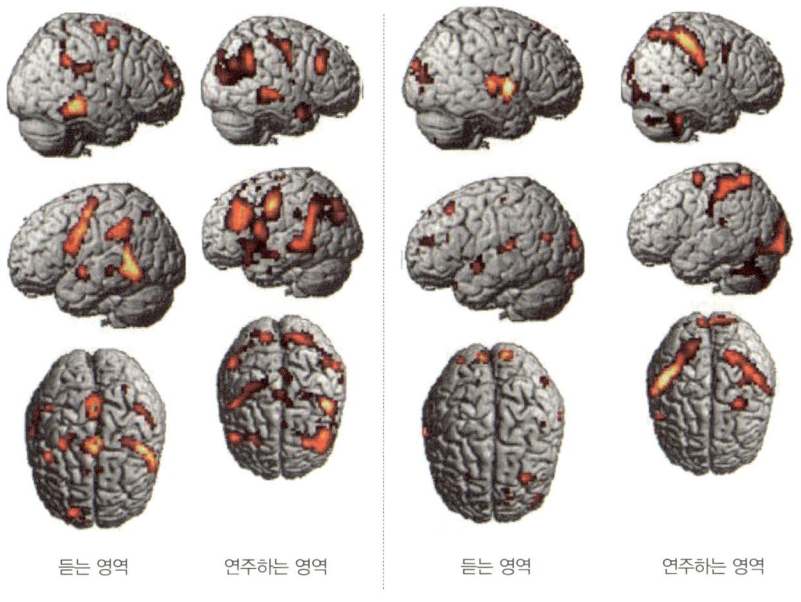

| 듣는 영역 | 연주하는 영역 | 듣는 영역 | 연주하는 영역 |

피아니스트의 뇌   **피아니스트가 아닌 사람의 뇌**

줬을 때 모두 다 음악을 듣는 것에 해당하는 뇌 부분이 활성화되어 있습니다. 반면에 손가락을 움직이는 것에 해당하는 뇌는 피아니스트들만 활성화가 되어 있는 것을 볼 수 있습니다.

야구선수들도 마찬가지입니다. 우리는 야구를 그냥 눈으로 보지만 훈련을 많이 하고 많은 투수를 접해본 타자는 투수가 공을 던지는 모습만 봐도 거울뉴런이 활성화되어 적절한 타구를 결정하게 됩니다.

야구란 스포츠는 물리적으로 보면 불가능한 스포츠라고 배웠습니다. 하지만 우리는 물리적인 시간으로만 설명할 수 없는 것을 마음으로 이해하고 사람들의 공감을 얻는 거울뉴런을 통해 불가능한 것을 가능하게 만듭니다.

거울뉴런이 활성화되지 않는 사람은 자폐적인 성향이 강하다는 연구가 있습니다. 자폐증이 있는 사람은 사회성이 떨어지고 다른 사람의 말이나 감정을 이해하지 못하죠. 바로 거울뉴런에 이상이 있으면 생기는 현상입니다.

뇌는 작은 기관에서 너무 많은 일을 감당하고 있기 때문에 뉴런들은 가끔 한 가지만 작용하는 것이 아니라 몇 가지를 동시에 하고 있습니다. 그래서 아직까지는 가설인 부분이 있지만 자폐증을 가진 아이들이 언어 발달에도 문제가 있는 것은 뇌 구조에서 보았을 때 거울뉴런이 위치한 곳에 언어를 관장하는 뉴런이 같이 위치하고 있기 때문입니다. 따라서 해당 부분의 뇌에 문제가 있으면 자폐증이 있고 다른 사람과 소통하지 못할 뿐 아니라 동시에 언어문제가 생길 수 있다고 합니다.

야구와 뇌과학

다시 야구 이야기로 돌아가보죠. 가장 훌륭한 투수는 어떤 투수일까 생각해본 적 있나요? 좋은 성적을 낼 수 있는 확률이 높은 투수는 공을 던지는 자세에 큰 변화가 없는 투수입니다. '커브볼을 던질 거야, 직구를 던질 거야' 하는 투수의 의도가 공을 던지는 모습에 드러난다면 타자는 이를 모두 감지하고 그에 맞는 타격을 준비할 것입니다. 따라서 항상 같은 표정으로, 같은 자세로 공을 던진다면 타자는 거울뉴런으로도 판단할 수 없는 예

측불허의 공을 맞닥뜨리기 때문에 가장 상대하기 힘든 투수로 생각할 것입니다.

야구팬들의 열성적인 상호작용도 거울뉴런으로 설명할 수 있습니다. 야구를 조금만 알면 야구경기를 보면서 자신의 거울뉴런을 활성화시키기 때문에 선수들의 흥분과 감정을 고스란히 함께 느끼는 것이죠.

어떤 전문가는 스포츠 경기를 많이 보면 실제

운동 능력도 향상된다고 주장합니다. 머릿속에서 반복적으로 시뮬레이션을 하면 거기에 해당하는 뇌의 부분을 활성화시키기 때문에 실력이 는다는 것입니다.

야구팬들이 자신이 응원하는 팀이 지거나 이기거나 변함없는 지지를 보내는 것도 뇌의 진화의 한 가지라고 볼 수 있습니다. 인류는 원시시대부터 무리를 만들고 소속감을 느끼며 함께 살면서 생존력을 높여왔습니다. 따라서 사람들은 어딘가에 소속되고 싶어 하고 소속되었을 때 마음의 안정감을 느끼게 되는 것이죠. 마찬가지로 팬이 되어 소속감을 느끼고 졌을 때나 이겼을 때나 변함없는 응원을 보내는 것도 바로 이러한 뇌 진화의 부산물이라고 할 수 있습니다.

우리는 지금까지 뇌를 통해 야구라는 스포츠가 어떻게 가능한지를 살펴봤습니다. 멋진 볼을 던지는 투수가 되고 싶나요? 홈런을 날리는 타자가 되고 싶나요? 멋지게 슬라이드해서 공을 잡아내는 수비수가 되고 싶나요? 보는 것만으로도 거울뉴런이 활성화되어 운동능력이 향상된다고 합니다. 관심이 있는 것에 최선을 다해 공부하고 몸으로 부딪치며 해나가다 보면 여러분의 꿈도 분명 이룰 수 있을 것이라고 생각합니다.

뇌가 여러분의 꿈을 응원합니다. 파이팅!

윤송이 | KAIST 전기 및 전자공학과 졸업, MIT에서 뇌 및 인지과학과 컴퓨터 신경과학 박사 학위를 취득했다. 2004년 SK텔레콤의 본부장으로 일하면서 세계경제포럼의 '젊은 글로벌 지도자', 월스트리트저널의 '주목할 만한 세계 50대 여성 기업인' 등에 선정되기도 했다. 2008년부터 엔씨소프트 최고전략책임자로 일하고 있다. 청소년들에게 과학의 꿈을 전해주고 나아가 이공계의 꿈을 심어주는 데 동참하기 위해 10월의 하늘에 참여했다.

지금 서 있는 자리에서 땅을 향해 스마트폰을 비추니
그 아래 매장되어 있는 공룡의 화석이 입체 영상으로 보이네요!
소녀시대의 새 뮤직 비디오가 나왔어요!
뮤직 비디오 촬영지를 검색하니
내가 아기였을 때 찍은 사진이 함께 보입니다.
예전에 내가 살던 곳이었나 봐요.
다음에 한번 꼭 가봐야겠어요.
여러분은 모바일 증강현실로 무엇을 감상하시겠습니까?

길 위의 박물관, 모바일 증강현실

| 황지은 |

　　"징~ 남자, 28세, 177cm, 71kg, A형, 왼손잡이……"

　〈로보캅〉이라는 영화를 본 적 있나요? 이 영화는 1990년대 흥행했던 미래 SF영화로 로봇 로보캅이 미래에서 지구로 와 악당을 물리치는 내용입니다. 로보캅은 겉으로 볼 때 사람과 거의 똑같지만 피부로 싸여 있는 몸 안쪽은 기계입니다. 특히 눈은 특수 카메라로 만들어져 상대방을 쳐다보기만 해도 신체조건, 혈액형, 나이 등의 정보를 한눈에 볼 수 있죠. 이 정보는 로보캅이 상대방을 쳐다봤을 때 자신만이 볼 수 있도록 눈앞에 그래픽 처리되어 뜹니다.

　영화 〈마이너리티 리포트〉에도 신기한 기술이 등장합니다. 범죄가 일어나기 전에 범죄를 미리 예측해 범죄자를 잡는 최첨단 시스템 프리크라임 시스템이 바로 그것이죠. 이 시스템을 바탕으로 특수경찰들은 미래의 범죄자들을 체포합니다. 이 프리크라임 시스템은 공중에 떠 있는

컴퓨터 같습니다. 화면이 공중에 홀로그램으로 보이며, 컴퓨터의 마우스 대신 손의 움직임을 인식할 수 있도록 된 특수 장갑을 끼고 화면을 움직이고 조작합니다.

이러한 것이 증강현실의 대표적인 예입니다. 단어 자체는 굉장히 어려워 보이지만 이미 우리가 공상과학소설이나 영화 속에서 익히 보아온 기술입니다.

최근에는 스마트폰으로 증강현실을 체험할 수 있죠. 스마트폰의 카메라로 주변을 둘러보면 그 장소에서 촬영된 영화장면이 뜹니다. 국립고궁박물관에 가도 볼 수 있어요. 조선시대 궁궐을 묘사한 동궐도에 모바일 태블릿을 가져가면 화면에 비친 궁궐 그림 위로 임금님의 행차가 펼쳐집니다.

증강현실이 대체 뭐야?

일상생활에서 도통 쓰지 않는 생소한 말, '증강하다'는 그대로 해석하자면, 현실을 증대하고 보강한다는 의미입니다. 언뜻 현실과 비현실의 경계를 논하는 철학적 주제처럼 들리지만, 여기서 말하는 증강현실이란 '현실을 비추는 실제영상에 다양한 가상 물체를 겹쳐서 보여주는 기술'을 의미합니다. 즉, 눈으로는 보이지 않는 정보를 덧붙여 보여줌으로써 사용자의 이해를 돕거나 다른 방식으로 상호작용할 수 있도록 유도하는 기술을 통틀어 말합니다. 조금 어려운가요? ^^

우리가 가장 쉽게 증강현실의 기술을 만날 수 있는 때는 스포츠 중계시입니다. 축구경기에서 대결하는 국가의 국기가 그래픽으로 만들어져 각 진영의 그라운드 위에 올려지고, 패널티킥 상황에서 공격수와 골대까지의

거리나 수비수들의 이동 경로 등 유용한 정보가 실시간으로 생동감 넘치게 보여집니다. 지난 밴쿠버 동계올림픽 스피드스케이팅 중계방송에서도 최고기록을 낸 선수의 위치를 트랙에 실시간으로 표시하는 등의 증강현실 기술을 통해 기록 경기를 보다 역동적으로 즐길 수 있었습니다.

　이러한 장면을 만들려면 중계카메라는 영상을 찍고, 그 영상 위에 필요한 글씨나 그림을 3차원 가상 모델에서 유추한 위치에 배치하여 새로운 영상으로 조합하는 과정을 거칩니다. 이 과정이 실시간으로 이루어지기 위해서는 실사영상과 가상모델을 합치는 기술과, 가상모델을 효과적으로 실사영상처럼 만드는 기술 등 여러 가지 정교한 영상기술이 필요합니다.

　초기 증강현실 시스템은 주로 웹캠과 PC를 이용했는데, PC에 연결된 카메라로 바코드 같이 인쇄된 표식Visual Maker을 촬영하면 그 위에 PC에서 미리 준비해둔 입체영상을 겹쳐 보이게 하는 방법을 썼습니다. 대표적인 예로 디지털 팝업북을 들 수 있는데요. 그림 속에 컴퓨터가 알아볼 수 있는 표식을 넣은 그림책을 카메라에 비추면, 컴퓨터 화면에 나오는 그림책 영상 위로 주인공 캐릭터나 건물, 나무 등이 입체적으로 보이는 것입니다. 하지만 이 시스템은 실제 보고 있는 책 위로 입체영상이 보이는 것이 아니라, 들고 있는 책을 카메라에 비추어 컴퓨터에 있는 영상에서 입체영상 콘텐츠를 보는 것이기 때문에, 사용이

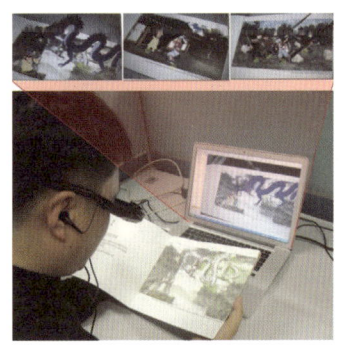

복잡하고 실감이 나지 않아서 크게 대중화되지 못했습니다.

모바일 증강현실이 만드는 세상

증강현실이 본격적으로 우리에게 알려지기 시작한 것은 스마트폰이 보편화 되면서부터라고 할 수 있습니다. '손 안의 컴퓨터'라고 불리는 스마트폰은 복잡한 영상기술을 구현해낼 만큼 성능이 좋아졌고 무엇보다 카메라와 디스플레이가 결합되어 있어 증강현실을 보여주기에 아주 적합했습니다. 또한 스마트폰에 탑재된 위성 위치 확인 시스템^{GPS}이나 지자기센서^{Gyroscopic Sensor} 등을 통해 위치정보를 활용함으로써 증강현실의 새로운 가능성을 열어 주었습니다.

즉, 어디든 들고 다니며 자신이 있는 곳을 스마트폰으로 비추어 필요한 정보를 검색할 수 있고, 덧붙여 그 현장에 관한 새로운 정보를 직접 입력하고 수정하는 것도 가능해진 것입니다. 이러한 모바일 증강현실 기술은 관광, 교육, 게임, 영화, 출판, 광고, 건설, 제조 등 많은 산업 분야에 활용 가능성이 늘어가고 있습니다.

지난 30여 년간 실험적인 기술 개발과 연구에만 그쳤던 증강현실은 모바일 기기가 대중화되면서 그 실용적 가치가 주목받기 시작했고 콘텐츠와 서비스 개발이 활발히 이루어지기 시작했습니다. 어디든 들고 다닐 수 있고, 그 자리에서 바로 사용할 수 있는 모바일의 증강현실! 그렇다면 모바일 증강현실 기술로 활용할 수 있는 콘텐츠는 무엇이 있을까요? 바로 현재 많은 산업 분야에서 활발히 연구 중인 주제입니다. 여기서는 모바일 증강현실

의 특징을 이용해 우리가 살고 있는 이 도시의 공간을 새롭게 해석하는 방법을 알아보려고 합니다.

장소의 기억을 모으고 공유하다

장소란 단순히 위치나 주소라기보다 그곳이 품고 있는 느낌과 경험을 포함하는 개념입니다. 어떤 장소는 누군가에게 삶의 터전이기도 하고, 추억의 그릇이기도 하며, 또 누군가에게는 불편하기 짝이 없는 장애물일 수도 있죠. 이처럼 사회가 복잡해질수록 장소를 해석하고 이해하는 것도 복잡해집니다.

인류의 역사는 기존에 있던 장소를 새롭게 해석하고 이해함으로써 다시 새로운 장소를 만들고, 거기에 또 다른 의미를 부여하면서 발전해왔습니다. 사냥감이 많은 곳을 찾고, 농사를 짓고, 집을 짓고 살면서 도시를 이루고, 또 다시 도시를 부수는 등의 방식으로 말이죠.

우리가 현재 살고 있는 도시를 이해하고 해석하는 데 모바일 증강현실 서비스는 어떤 도움을 줄 수 있을까요? 장소의 기억을 모으고 공유하고 해석하는 데 좋은 도구가 될 수 있을까요?

장소를 특별하게 기억하는 방법은 이미 많이 존재합니다. 기념비나 기념관을 세우는 고전적인 방법도 있고, 특정 장소에 사연이나 역사를 기술함으로써 표식을 남기기도 합니다. 여행을 가면 기념사진을 찍거나 유명 건축물에 '철수&영희 다녀감'이라고 낙서를 남기는 것도 장소를 기억하기 위한 행위라고 할 수 있죠. 이처럼 지금까지 장소의 기억을 남기는 것은 권위를 가진 공공 단체에서 만들어내거나 한 사람, 한 사람이 따로따로 만들어냈습니다. 공공의 정보는 일방적으로 알려지고, 개인의 정보는 개인만 소유했었죠. 하지만 모바일 증강현실 서비스를 이용하면 공공의 정보와 개인의 개별적인 정보를 한꺼번에 볼 수 있고, 또 만들어나갈 수 있습니다.

쉬운 예를 들어볼까요? 관광객이 많이 찾는 드라마 촬영지에는 표지판이라는 공공정보가 있습니다. 여기서 모바일 증강현실을 이용하면 단순히 표지판만 보이는 것이 아니라 자기가 좋아했던 장면의 대사와 음악을 함께 감상할 수 있습니다. 나아가 특별하지 않았던 장소였는데, 많은 사람이 그곳을 기억했다면 이곳이 쉽게 새로운 명소로 떠오를 수도 있는 일입니다. 이처럼 모바일 증강현실은 우리의 삶의 역사나 추억과 기억을 현장에서 함께 살펴볼 수 있게 합니다. 수많은 정보를 다양한 방법으로 경험할 수 있게 되고, 그래서 그런 정보와 함께 접하는 그 장소가 더 특별해질 수도 있습니다.

역사 시간에 교과서로 배우는 내용이 잘 이해가 가지 않다가 사극 드라마를 보면 그 당시의 장소와 사회적인 배경, 주인공의 이야기가 머릿속에 쏙쏙 들어오는 것을 경험해본 적 있지요? 교과서의 딱딱한 글이나 지도 대신 드라마를 구성하는 이야기와 배경음악, 영상 등 다양한 콘텐츠를 종합적으로 체험하기 때문이에요. 모바일 증강현실을 활용한다면, 실제 역사의 현장이었던 궁궐이나 사찰에 직접 방문하여 역사적 사실과 드라마의 장면을 정말 실감나게 볼 수 있겠지요? 또한 그날 현장에 갈

서울 정동교회의 역사를 설명한 표지판과 드라마 〈겨울연가〉 촬영지에 세워진 표지판

이 나들이 갔던 친구들이나 부모님과 나누었던 대화와 사진들도 그 장소와 연관지어 남길 수 있다면, 나중에 그곳의 추억을 떠올리며 그곳의 역사를 다시 새겨볼 수 있을 거예요. 또 여러분들이 남긴 이야기들이 역사의 한 장면이 될 수도 있겠지요.

이러한 맥락 안에서 제가 최근 진행했던 북촌한옥마을을 대상으로 한 모바일 증강현실 콘텐츠에 대한 연구과제를 소개하도록 하겠습니다.

북촌한옥마을에서 체험하는 증강현실

우리가 살아가는 도시는 과거와 현재가 공존하는 문화의 자산이자 배경입니다. 어떤 장소는 관광명소이기도 하고, 소설, 영화, 미술, 음악 등의 배경이 되기도 하며, 여러 사람들의 추억을 담는 매개체이기도 합니다.

서울의 북촌한옥마을은 도시형 한옥이 많이 모여 있는 지역으로 역사 문화적 가치가 크고, 최근 공방이나 박물관, 연구소 등 많은 문화시설들이 들어서면서 서울의 대표적인 관광지역으로 자리 잡았습니다. 이 역사적 가치와 독특한 정취 때문에 북촌지역을 배경으로 하는 소설, 수필, 영화, 드라마가 많이 탄생했지요. 최근 1900년대를 전후로 한 근대사에 대한 관심이 높아지고, 근대문화유산을 보존하는 움직임이 커지면서 이 지역에 대한 연구도 꾸준히 이어져왔습니다. 이러한 연구와 자료를 바탕으로 북촌지역을 재조명하고 현장에서 생생하게 체험할 수 있는 모바일 증강현실 콘텐츠를 만들어보자는 목표로 '영상매체를 통하여 비춰진 북촌한옥마을' 콘텐츠를 만들게 되었습니다.

즉, 북촌을 배경으로 하는 영상물들을 스마트폰으로 북촌에 방문하여 감상할 수 있게 하는 콘텐츠를 만드는 것입니다. 단순히 어떤 영화의 한 장면을 북촌에서 찍었다는 정보만 표시하는 것이 아니라 영상에 담겨 있는 이야기의 흐름과 그 속에 녹아 있는 장소의 의미를 현장에서 새롭게 부각시키고, 사용자는 다양한 방식으로 그 장소를 이해하고 느낄 수 있게 합니다. 어려운 이야기 같죠?

영화나 드라마 등의 영상물을 관람할 때 우리는 보통 한 시간 넘게 한 곳에 앉아서 큰 화면으로 봅니다. 영화와 드라마는 그렇게 감상하도록 만들어진 거예요. 그런데 우리가 현장에서 스마트폰을 들고 이동하면서 감상한다면 어떨까요? 더 생생하게 느낄 수 있겠죠. 모바일 증강현실 콘텐츠라면 그 영상물을 스마트폰에서 보여주는 기술만이 문제가 아니고, 사용자가 현장에서 즐길 수 있는 내용을 재구성하는 것이 관건입니다. 예전에 보았던 좋아하는 영화의 장면들을 꼽아보고, 방문하기 좋은 순서로 나열하여 여행 계획을 짜볼 수도 있겠지요. 또 풍경이 유명한

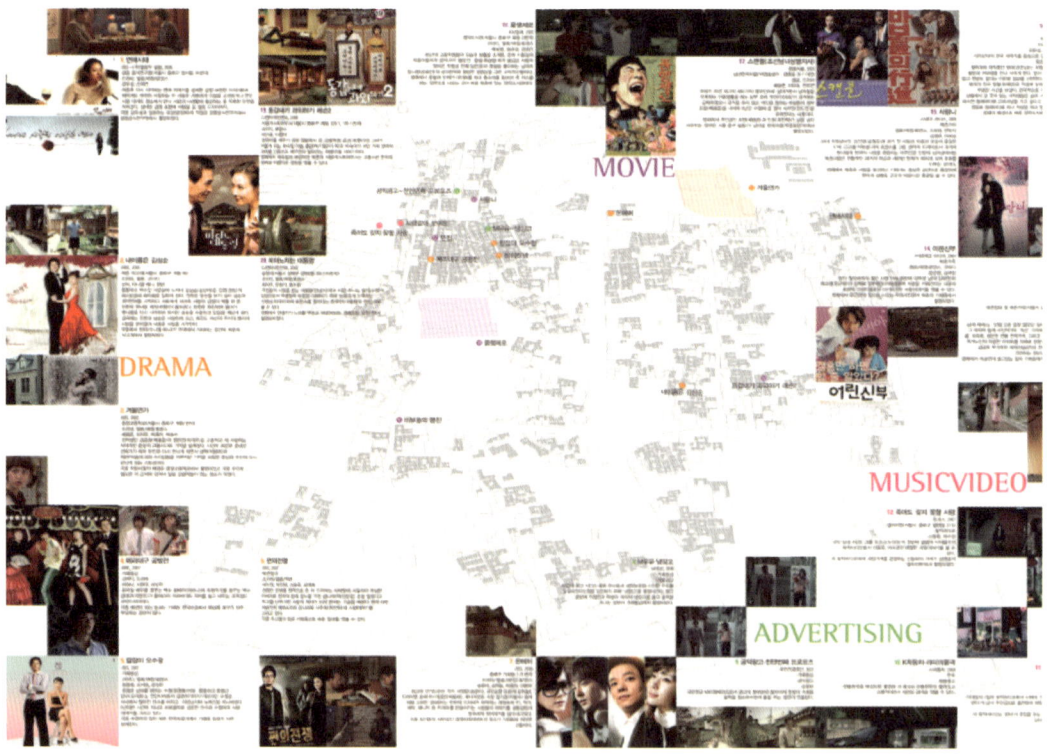

서울문화지도 – 영상매체를 통하여 비춰진 북촌 도시

골목에 서서, 그곳에서 촬영된 영화의 장면을 빠르게 검색하고, 그 영화를 나중에 볼 수 있도록 기록할 수도 있습니다. 또한 현장에서 한옥, 골목 등 실물을 직접 체험하는 데 필요한 정보(지도, 운영시간, 교통, 맛집 등)나, 나와 비슷한 취향의 친구들이 감상하고 방문했던 그 영화의 장소가 어디인지 알고 싶을 수도 있어요. 현장

에서 느꼈던 내용을 집에 돌아와서 다시 한 번 정리하며 친구들과 이야기 나누고 싶기도 할 것 같고요.

북촌한옥마을을 배경으로한 영상은 http://dilab.uos.ac.kr/bukchon, http://vimeo.com/22556755에서 서비스되고 있다.

　이러한 콘텐츠 활용 방법을 실현하기 위해, 셀로판Cellophane이라는 인터넷 기반 저작도구를 개발했습니다. 셀로판을 이용하면 누구나 쉽게 영상물의 특정 장면을 어떤 장소와 연결지을 수 있습니다. 셀로판에 장착된 인터넷 지도 위에 연결할 영상물을 업로드할 수 있고, 업로드된 영상은 로드뷰에서 감상하게 됩니다. 이렇게 장소와 연관된 장면을 이어나가면서 누구나 직접 자신만의 증강현실 콘텐츠를 제작할 수 있습니다. 셀로판으로 제작된 콘텐츠를 현장에서 스마트폰 앱으로 구동하면 자신의 위치를 기점으로 해당 영상물을 바로 찾아내고 이와 연관된 정보를 함께 볼 수 있어서 방문지의 느낌을 더하여 체험할 수 있게 됩니다. '현장에서의 감상을 증강'하는 것이지요. 현장에서도, 집에서도 사용자는 꾸준히 편집할 수 있고, 현장에서는 특히 직접 사진이나 동영상을 찍어 연결할 수 있습니다. 이렇게 셀로판으로 구현된 콘텐츠는 인터넷으로 공유 가능합니다.

　가상과 현실이 조화롭게 공존하는 증강현실. 모바일 증강현실은 이

영화 장면 속의 현장에서 감상하는 영화

제 성큼 우리의 일상으로 가깝게 다가왔습니다. 1989년 영화 속 로보캅의 기계눈이 2012년 안경형 디스플레이 제품으로 만들어진 것처럼 말이죠. 기술의 도전과 효과적인 콘텐츠, 다양한 서비스로 지금까지는 볼 수 없었던 혁신적인 현상이 앞으로는 우리에게 더 빠른 속도로 다가올 것입니다.

북촌 영상물 콘텐츠는 영화나 드라마 등 기존의 영상물을 내 마음대로 편집하여 특정 장소에서 새롭게 체험하고, 그곳을 방문한 다른 사람들과 교감할 수 있게 했습니다. 이처럼 모바일 증강현실은 기존의 많은 정보와 자료들이 장소와 연관되면서 우리의 삶의 터전을 바라보는 새로운 렌즈가 될 수 있을 거예요.

영상물과 장소의 범위를 조금 더 넓혀 상상해보세요. 지금 서 있는 자리에서 땅을 향해 스마트폰을 비추니 그 아래 매장되어 있는 공룡의 화석이 입체 영상으로 보이네요! 그 화석들 위로 복잡하게 얽힌 하수관이 지나갑니다. 과거와 현재가 공존하는 모습을 놓고, 그 화석들을 발굴해야 한다는 의견과 이미 많은 사람들이 살고 있는 도시 한복판을 변경하는 것은 어렵다는 의견이 분분해보입니다. 소녀시대의 새 뮤직 비디오가 나왔네요! 뮤직 비디오가 촬영되었던 장소를 찾으니, 내가 아기였을 때 엄마가 찍어주었던 사진이 함께 보입니다. 예전에 내가 살던 곳이었나 봐요. 동네는 지금 거의 알아 볼 수 없을 정도로 바뀌었는데, 뮤직비디오 안에 있는 저 가로수는 훌쩍 자랐네요. 다음에 한번 꼭 가봐야겠어요.

자, 길 위의 박물관, 모바일 증강현실로 여러분들은 무엇을 감상하시겠습니까?

황지은 | 하버드디자인대학원에서 박사과정을 마치고 현재는 서울시립대학교 건축학부 조교수로 있다. 디지털 미디어를 활용한 건축설계 디자인 방법을 가르치며 현실과 가상의 공간을 탐구하고 공간을 다루는 정보 기술을 연구 개발하고 있다.

풍요로운 생활을 유지하기 위해 에너지 사용은 불가피하죠.
우리가 사용하는 에너지의 대부분은
석탄, 석유, 가스 등의 화석 에너지.
이는 환경오염을 일으키고 그 양이 제한되어 있기 때문에
먼 훗날까지 계속 사용할 수 있을지 의문입니다.
지구를 안전하고 건강하게 하는 에너지 기술은 어떤 것이 있을까요?

깨끗하고 안전한 지구를 위한 에너지 기술

| 이동원 |

■ 　　인류가 살아가는 데 반드시 필요한 것을 고르라면, 깨끗한 공기와 물, 그리고 식량이라고 할 수 있을 것입니다. 이 세 가지는 사람들뿐만 아니라 동물들에게도 필요한 것인데, 만약 어느 한 가지라도 없다면 단 몇 분 또는 며칠 만에 사람을 포함한 지구상의 모든 동물은 사라져버릴 것입니다. 그러나 사람에게는 동물들과는 달리 필요한 것이 하나 더 있는데, 그것이 바로 에너지입니다.

에너지는 '일을 할 수 있는 능력'이라고 정의되며, 에너지를 만들어내는 원인이 되는 물질을 에너지원이라고 합니다. 인류는 불이라는 에너지를 이용할 수 있게 되면서 동물들과 차별화되었다는 것은 잘 알려진 사실입니다. 인류의 역사가 시작되면서 사람들은 나무 땔감을 에너지원으로 이용하고, 동물의 힘이나 자연의 힘을 이용한 에너지를 사용했으며 이러한 형태의 에너지 사용은 18세기까지 지속되었습니다. 18세기 영국에서 시작된 산업혁명은 석탄을 에너지원으로 하는 증기기관의 발명이 계기가 되었는데, 증기기관은 사람의 일을 크게 덜어주는 기계로, 산업혁명 이후 인류의 발전은 매우 빠르게 진행되었습니다.

20세기 들어 석유와 가스의 활용이 확대되면서 에너지와 함께 각종 화학제품이 만들어져 풍요로운 삶을 영위할 수 있게 되었으며, 20세기 중반에는 원자력도 에너지원의 하나가 되었습니다. 특히 전기 에너지의 사용이 증가했는데, 이 전기 에너지는 수송이 쉽고 다양한 에너지로 변환되기 쉬운 장점이 있어 인류 문명의 발전에 큰 역할을 하고 있습니다.

즉, 인류 문명의 발달은 에너지 사용과 밀접한 관련이 있다고 할 수 있습니다. 에너지를 적극적으로 이용하지 않던 18세기 이전에는 문명의 발전이 더디게 이루어졌으나, 그 이후 빠르게 발전하면서 에너지 사용이 급격히 증가하게 되었습니다. 발전된 선진국일수록 에너지 사용이 많으며 선진국을 향해 다가서는 우리나라의 경우도 매년 에너지의 사용이 증가하고 있습니다. 최근 경제개발이 급속히 진행되고 있는 중국의 경우 에너지 사용량이 매우 빠르게 증가하고 있는 것을 보더라도, 인류의 지속적인 발전을 위해서는 에너지의 사용이 불가피하다는 것을 알 수 있습니다.

산업혁명의 원동력이 된 증기기관

에너지 사용과 지구 환경

인류가 많이 사용하는 에너지는 석탄, 석유, 가스와 같이 땅속에 매장되어 있는 에너지원에서 생산되는 화석 에너지입니다. 이러한 화석 에너지원은 탄소와 수소, 그리고 불순물인 황이나 질소 등의 원소로 구성되어 있습니다. 환경오염을 일으키는 매연이라고 하는 것은 화석 에너지

원의 구성 원소 중 황이나 질소가 공기 중의 산소
와 반응하여 만들어진 물질들인데, 초기에는 이러
한 불순물을 없애는 방법이 개발되어 있지 않았기
때문에 많은 매연이 발생했습니다. 매연은 그 자
체로도 사람에게 해로우며, 공기 중의 수분과 결
합하여 산성비가 되거나 스모그를 발생시킵니다.
대표적인 예로, 1872년 영국 런던에서는 스모그로
인하여 240여 명이 사망하는 사건이 발생하기도

했습니다. 최근에는 매연을 줄이는 기술이 개발되어 이용하고 있기는
하지만 매연을 완전히 없애는 것은 불가능합니다. 매연은 에너지를 많
이 소비하는 공장에서 대규모로 발생하지만 자동차 배기가스에도 포함
되어 있기 때문에, 화석 에너지를 사용하면서 환경오염을 피하는 방법
은 없다고 할 수 있겠죠.

　에너지 사용에 있어서 또 하나의 문제점은, 사용할 수 있는 화석 에너지
원이 점차 줄어들고 있다는 점입니다. 조사방법에 따라 다르기는 하지만
현재 기준으로 석유는 약 40년, 천연가스는 약 60년, 석탄은 약 130년 정도
사용할 수 있는 양이 남아있다고 합니다. 물론 채굴 기술의 발달로 이보다
더 오랫동안 화석 에너지원을 사용할 수 있을 것이라는 주장도 있지만, 어
쨌든 매장되어 있는 화석 에너지원에 한계가 있다는 것은 사실입니다. 최
근 10년 동안 국제 석유가격이 약 3배 이상 올랐다는 것을 생각해보면, 화
석 에너지원의 고갈은 점점 더 현실적인 문제로 대두될 것입니다.

　화석 에너지의 환경오염 및 부존량 문제를 해결하는 방안의 하나로
원자력 에너지의 이용을 확대하자는 의견도 있습니다. 그러나 원자력
기술 강국이라고 하는 미국, 러시아, 일본 등에서 이미 큰 규모의 원자
력 발전소 사고가 발생한 것을 생각해보면, 이러한 주장을 쉽게 받아들

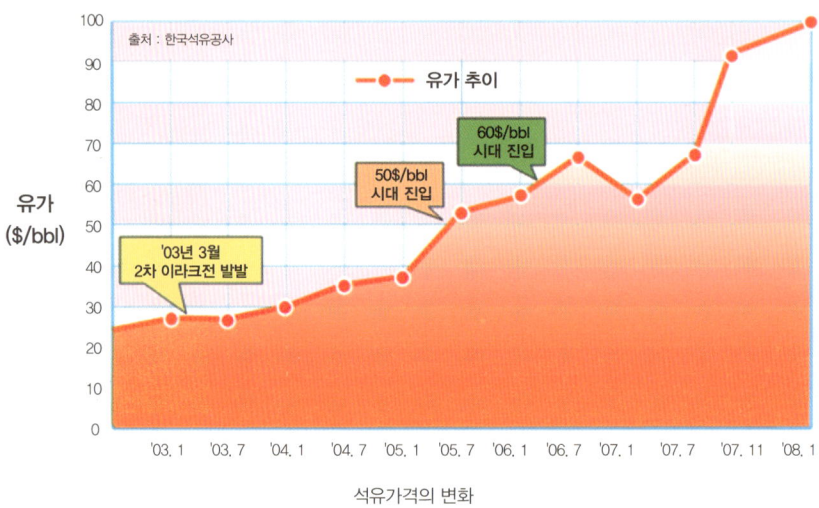

출처 : 한국석유공사

유가 추이

유가
($/bbl)

'03년 3월
2차 이라크전 발발

50$/bbl
시대 진입

60$/bbl
시대 진입

석유가격의 변화

일 수 없는 것이 사실입니다. 원자력 발전소의 사고 외에도 고농축 폐기물에 대한 처리 방법이 마땅하지 않아, 우리 세대의 문제를 다음 세대로 넘겨버리는 잘못을 하고 있다는 문제가 제기되고 있습니다. 원자력 에너지와 관련한 여러 가지 문제 때문에, 유럽 등 대부분의 국가에서는 원자력 발전소를 더 이상 늘리지 않는 것을 일반적인 정책으로 받아들이고 있습니다.

체르노빌과 후쿠시마의 원자력 발전소 사고

기후변화로 자연재해가 늘고 있어요

과학자들은 지구의 기후가 과거에 비해 많이 변했다는 것을 발견하고 그 원인을 찾는 연구를 시작했습니다. 그 결과 기후변화는 지구의 온도가 점차 상승했기 때문이라는 것이 밝혀졌는데 이 때문에 오랫동안 녹지 않고 있던 빙하가 녹는다든지, 태풍과 같은 자연재해가 빈번하게 발생하고 있습니다. 이와 같이 지구의 온도가 점점 더 상승한다면 지구 생태계가 교란되어 결국은 인류도 살기 어려운 환경이 될 것이기 때문에, 그 원인을 찾아내어 더 이상 지구의 온도가 상승하지 않도록 하는 것이 중요합니다.

과학자들의 많은 연구를 통해 기후변화 즉, 지구 온난화는 온실가스 때문인 것으로 밝혀졌습니다. 온실가스가 지구 대기층에 존재함으로써 지구에서 우주로 복사 방출되어야 하는 에너지를 차단하기 때문에 지구의 온도가 상승한다는 결론을 얻게 된 것이죠. 농촌에서 많이 볼 수 있는 온실의 내부가 외부보다 더운 것은 온실의 유리나 비닐이 온실 내부의 복사 에너지 방출을 억제하기 때문인데, 온실가스가 바로 온실의 유리나 비닐과 같은 역할을 합니다. 지구 온난화를 일으키는 온실가스는 메탄이나 아산화질소 등도 있지만, 가장 큰 영향을 미치는 것은 이산화탄소로 밝혀졌습니다. 즉, 공기 중에 이산화탄소의 양이 증가하면서 지구의 온도가 상승한다는 것을 알게 된 것입니다.

이산화탄소는 사람이나 동물이 호흡할 때 배출되는 성분입니다. 그러나 이렇게 배출되는 이산화탄소는 식물이 광합성을 할 때 흡수하기 때문에 문제가 되지는 않습니다. 이산화탄소가 대량으로 발생하는 것은 바로 화석 에너지를 사용할 때입니다. 화석 에너지의 주성분은 탄소와 수소이고, 이중 탄소가 공기 중의 산소와 결합하면서 에너지를 생산하는데, 이때 필연적으로 이산화탄소가 배출되는 것이죠. 즉, 석탄, 석유,

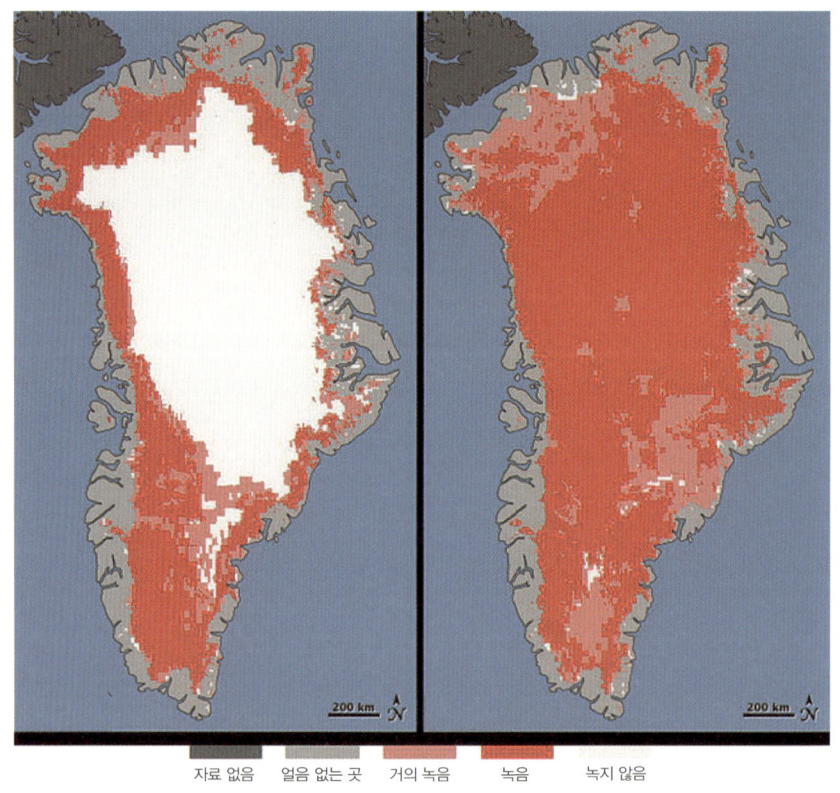

자료 없음　　얼음 없는 곳　　거의 녹음　　녹음　　녹지 않음

최근 지구 온난화로 극지방의 빙하가 줄어든 상태

가스와 같은 화석 에너지를 사용하면, 이산화탄소가 배출될 수밖에 없습니다. 그러나 전세계적으로 사용하고 있는 에너지 중 화석 에너지가 차지하는 비율은 90% 이상이기 때문에, 온실가스, 즉 이산화탄소를 줄이는 것은 매우 어려운 실정입니다. 또한 전세계적으로 에너지 사용량은 계속 증가하기 때문에 온실가스의 증가는 계속 될 것이고, 이에 따라 지구 온난화는 더욱 빠르게 진행될 것임을 짐작할 수 있습니다.

　온실가스는 어느 한 나라에서 줄인다고 해서 줄어드는 것이 아니기 때문에, 모든 나라의 협조와 공동의 노력이 필요합니다. 1992년 192개국의 과학자와 정치가들이 모여 제1회 기후변화협약 회의를 진행했습니다. 이 회의는 매년 수차례 계속되며 각 나라에서 이산화탄소 배출을 줄이는 방안을 협의하는데, 이것은 결국 화석 에너지 사용을 줄이자는 약속을 하는 것입니다. 그러나 각 나라마다 사정이 다르기 때문에 협조가 잘 이루어지지 않고 있는 것이 문제입니다. 일례로 중국은 최근 경제개발이 한창 진행중인데, 화석 에너지 이용을 줄이라는 요구를 받아들일 수 없다고 주장하는 것입니다.

에너지와 관련된 국제기구인 국제에너지기구[IEA]에서는 2010년 보고서에서, 인류가 2050년까지 화석 에너지 사용량을 지금의 약 1/2로 줄이지 않으면 전 지구적 재앙이 올 수 있다고 경고하고 있습니다. 그러나 지금처럼 화석 에너지를 계속 사용한다면 그때 사용되는 화석 에너지는 지금의 약 2배가 될 것으로 예상되고 있습니다.

화석 에너지 사용을 줄이는 것은 온 인류가 함께 풀어야 할 문제입니다. 이 문제를 지혜롭게 해결하지 않으면 수십 년 내에 기후변화에 따른

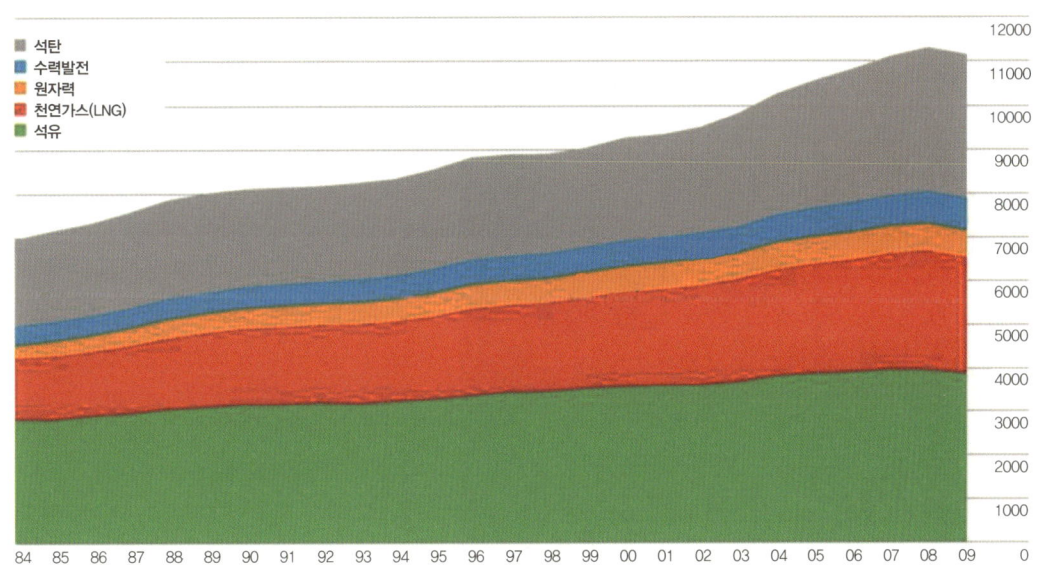

전세계의 에너지 사용량

여러 가지 문제가 인류의 발전과 생존을 위협할 것입니다.

이렇게 시작합시다

지구 온난화의 주원인인 화석 에너지 사용을 줄이기 위한 방법은 여러 가지가 있습니다. 가장 쉽게 생각할 수 있는 것은 에너지를 절약하는 것입니다. 불필요한 에너지 사용을 최대한 줄이는 것은 가장 쉽게 실천할 수 있으면서 그 효과도 가장 큽니다.

불필요한 전등 끄기, 자가용보다는 대중교통 이용하기, 적절한 실내온도 유지하기 등은 여러분도 쉽게 할 수 있는 에너지 절약법으로, 많은 사람이 동참한다면 에너지 사용을 크게 줄일 수 있습니다. 또한 반드시 사용해야 하는 에너지라면 효율적으로 사용하는 방법을 따르는 것이 중요합니다. 예를 들어 에너지소비효율등급 1등급 전기용품 사용하기, 연비가 높은 자동차 이용하기 등은 에너지를 효율적으로 이용하려는 노력으로, 화석 에너지 사용을 줄이는 데 큰 역할을 합니다.

온실가스가 발생할 수밖에 없는 화석 에너지 대신, 신재생에너지를 이용하는 것도 매우 중요합니다. 태양열, 태양광, 풍력 등 신재생에너지는

화석 에너지와 같이 매연이나 온실가스를 발생시키지 않을 뿐만 아니라, 부존량의 제한도 없어 영원히 사용할 수 있는 에너지원입니다. 따라서 이러한 신재생에너지 사용을 크게 늘리는 것이 매우 중요합니다. 또 다른 대체 에너지로 원자력 에너지가 있지만, 이미 앞에서 말한 바와 같이 최선의 방법은 아니기 때문

에, 원자력 에너지 사용을 늘릴 것인지 줄일 것인지에 대한 논의는 진지하게 계속되어야 합니다.

화석 에너지를 사용할 때 발생하는 이산화탄소가 온실가스이고 이것이 지구 온난화와 같은 기후변화의 주원인이기 때문에, 화석 에너지를 사용할 때 발생하는 이산화탄소를 모아서 따로 저장하는 방법(CCS, Carbon Capture and Storage, 이산화탄소 포집 및 저장)에 대한 연구도 진행되고 있습니다. 화석 에너지를 사용할 때 발생하는 물질들 중에서 이산화탄소를 효율적으로 잡아내어 모으는 기술, 모아진 이산화탄소를 저장하기 쉽도록 부피를 축소하여 저장하는 기술들이 연구되고 있는데, 이산화탄소를 고체인 드라이아이스로 만들어 바다 깊은 곳에 묻는 방법 등이 제안되고 있습니다.

이러한 노력은 그동안 우리가 에너지를 너무 편하게 펑펑 쓰면서 생활했다는 점을 반성하는 것으로부터 시작해야 하며, 노력하지 않으면 가까운 시간 내에 온 인류에게 불행한 일이 닥칠 수 있다는 인식을 모두 함께 가져야 합니다.

자, 이제 여러분은 인류가 발전하기 위해서는 에너지를 사용할 수밖에 없지만, 지속적으로 발전하기 위해서는 화석 에너지 사용을 크게 줄여야 한다는 사실을 알게 되었습니다. 따라서 화석 에너지 이외의 에너지를 적극적으로 이용해야 하는데, 현재 알려져 있는 것은 원자력 에너지와 신재생에너지입니다. 이 중 원자력 에너지는 앞서 언급했듯 여러 문제점을 갖고 있기 때문에 선택할 수 있는 대안은 신재생에너지뿐이라고 할 수 있습니다.

신재생에너지는 수소에너지, 연료전지, 석탄액화 가스화와 같은 세 종류의 신에너지와, 태양광, 태양열, 풍력, 지열, 바이오, 수력, 폐기물, 해양 에너지와 같은 8종류의 재생에너지로 구분됩니다. 재생에너지는 영어로 renewable energy로 항상 다시[re] 새로워지는[new] 에너지라는 뜻입니다. 즉, 아무리 사용해도 그 양이 줄지 않고 계속 사용할 수 있는 에너지라는 뜻인데, 태양 에너지를 생각하면 쉽게 짐작할 수 있죠. 오늘 태양을 통해 생산할 수 있는 에너지는 아무리 많이 사용한다고 해도 그 양이 줄지 않으며, 내일 다시 사용할 수 있습니다.

대표적인 신재생에너지인 태양광발전은 태양의 빛을 이용해서 전기 에너지를 생산하는 것으로, 우리나라에서는 수년 전부터 정부의 적극적인 지원 하에 많이 보급되고 있는 설비입니다. 전기 에너지를 생산하기 때문에 생산된 전기를 이용하여 여러 분야에서 이용할 수 있으며, 지속적인 연구개발로 설치비용도 점차 낮아지고 있습니다. 태양열 설비는

재생에너지

태양광
태양열
지열
해양 에너지
수력
풍력
폐기물 에너지
바이오

신에너지

석탄액화 가스화
수소 에너지
연료전지

태양의 열을 이용하여 따뜻한 물을 만들고, 이 따뜻한 물을 목욕탕에서 사용하거나 난방 등에 이용하도록 하는 설비입니다. 다른 신재생에너지 설비에 비해서 상대적으로 설치비용이 저렴하다는 장점이 있으며 효율도 매우 높은 설비입니다. 태양열을 많이 모으는 경우 발전설비를 이용하여 전기를 생산할 수도 있는 특징이 있으며, 유럽에서는 북아프리카 사막지역에서 이러한 태양열 발전설비를 대규모로 설치하여 전기를 생산하려는 시도를 하고 있죠.

풍력발전은 바람의 운동에너지를 전기에너지로 변화시키는 설비로서, 전기를 생산하는 다른 신재생에너지 설비와 비교하여 높은 경제성을 갖고 있는 것으로 알려져 있습니다. 우리나라에서는 대관령, 제주도, 울산 지역 등에 많이 설치되어 있고, 국산화 비율을 높이는 데 연구개발이 집중되고 있습니다. 이 밖에 다른 신재생에너지 설비도 이용되고 있지만, 우리나라에서의 신재생에너지 이용 비율은, 전체 에너지 이용의 3%도 되지 않는 초라한 수준입니다. 유럽의 신재생에너지 이용비율이 10%를 넘고 있는 것과 비교하면, 우리나라의 신재생에너지 이용은 지금보다 크게 증가해야만 한다는 것을 알 수 있을 것입니다.

대표적인 태양열, 태양광발전, 풍력발전 설비

지구를 건강하게 하는 에너지 기술

인류의 생존을 위해서는 깨끗한 공기와 물, 그리고 식량이 반드시 필요합니다. 그러나 이외에 현재와 같은 풍요로운 생활을 유지하고 더 나은 발전을 위해서는 에너지의 사용이 불가피합니다. 우리가 사용하는 에너지의 대부분은 석탄, 석유, 가스와 같은 화석 에너지인데, 이 화석 에너지는 환경오염을 일으키고 그 양이 제한되어 있기 때문에 먼 훗날까지 계속 사용할 수 있을지에 대해서는 의문입니다. 그러나 이러한 문제보다 더 큰 문제는, 화석 에너지를 사용하면 온실가스인 이산화탄소가 발생하고, 이 이산화탄소 때문에 지구 온난화와 같은 기후변화가 나타난다는 점입니다. 이러한 기후변화는 인류에게 큰 재앙이 될 것이기 때문에 전 지구적인 차원에서 이러한 재앙을 막기 위한 노력이 필요합니다.

우리 모두가 이러한 문제를 깊이 인식하고 서로 협조하여 화석 에너지 사용에 따른 온실가스를 줄이는 데 노력해야 하는데, 온실가스를 줄이기 위해서는 각 나라의 발전을 위해 반드시 필요한 에너지 이용을 줄여야 한다는 큰 문제점이 있습니다. 이러한 이유 때문에 아직 전세계적으로 온실가스를 줄이기 위한 계획이 제대로 정리되지 않았으나, 모든 나라가 받아들일 수 있는 현실적인

방법을 찾기 위해 계속 노력 중입니다.

온실가스를 줄이기 위해서 우리가 할 수 있는 일은 에너지를 절약하는 것이며 이와 함께 효율적인 에너지 이용 기기를 이용하는 것입니다. 그러나 근본적인 해결을 위해서는 신재생에너지 이용을 지금보다 크게 늘려야 한다는 것이 우리의 당면과제입니다. 신재생에너지 이용은 지금 당장 돈이 많이 들고 불편하지만, 인류의 지속적인 발전을 위해서 불가피한 선택이라는 점을 인식하고, 모두 다 함께 노력해야 할 것입니다.

이동원 | 연세대학교 기계공학과를 졸업하고 한국과학기술원에서 기계공학 박사 학위를 취득했다. 현재 한국에너지기술연구원에서 신재생에너지에 관한 연구를 진행하고 있다.

1. 〈10월의 하늘〉의 시작

2010년 9월 정재승 교수가 '지방 소도시에 거주하는 학생들은 대도시의 학생들보다 과학자를 만날 기회가 상대적으로 부족하다'며 보다 많은 지역에서 과학 강연 행사를 열었으면 하는 바람으로 트위터를 통해 최초 제안했다. 하루 만에 300여 개의 답변이 들어왔고, 약 일주일 뒤에 60여 명이 처음 오프라인 모임을 갖고 '10월의 하늘 준비모임'을 구성했다.

전국에서 같은 날, 같은 시간에 행사가 열린다는 최종 목표 외에는 아무것도 없었기 때문에 이 행사를 실현시키는 데 필요한 일이 무엇인지는 모두 논의하면서 스스로 찾아나가는 방식으로 정해졌다. 수십 개의 참가 도서관을 모집하여 강연을 동시에 개최하기 위해서는 기존 네트워크를 활용하는 것이 효과적이고, 강연에서 학생들에게 나눠주는 기부 도서에 대한 기부금영수증 발급도 공식 기관을 통해서만 가능했기 때문에 한국도서관협회와 공동주최 방식으로 협업을 하게 되었다.

준비모임은 강연자와 현장진행자를 웹사이트를 통해 모집하여 참가 도서관에 배치했고, 포스터와 기념엽서 디자인, 보도자료, 홈페이지 제작 등의 홍보와 행사 준비를 위해 필요한 작업 또한 준비모임 참가자들에 의해 자발적으로 이루어졌다. 이 과정에서 누군가 특정한 일의 필요성을 인식하면 트위터를 통해 공개적으로 대화하며 공감대를 형성해나갔고, 그렇게 해서 등장한 여러 가지 이슈에 대한 평가와 의사결정은 준비기간인 9월 말부터 10월 말까지 약 6주 동안 매주 토요일 오후 2시에 있었던 오프라인 준비모임에서 집약적으로 이루어졌다.

140자의 메시지 하나에서 출발한 10월의 하늘 강연은 2010년 전국 29개의 도서관에서 강연자 69명과 스태프 120명, 청중 2500명이 참여했고 2011년에는 규모가 커져 43개 도서관에서 강연자 96명과 청중 4000여 명이 참가, '성공적인 재능기부 모델을 제시했다는 평가'를 받게 되었다.

2. 〈10월의 하늘〉 진행방식

1) '자발적' 재능기부

10월의 하늘 재능기부의 가장 큰 특징은 '행사 취지에 공감한 사람들의 자발적 참여'라는 점이다. 더 많은 곳에서 과학 강연이 이루어지길 바랐기 때문에 강연을 할 수 있는 사람은 강연자로 참여했고, 직접 강연할 수 없는 사람은 자신이 할 수 있는 일을 통해 참여함으로써 참가자들의 역할이 자연스럽게 나뉘었다.

2) 재능기부, 어떻게 할까

10월의 하늘 재능기부자들의 역할은 다음과 같다.

- 도서관팀: 강연, 현장진행
- 준비모임: 총괄, 강연자 · 현장진행자-도서관 매칭, 홍보, SNS 관리, 강연지원, 디자인,

10월의 밤 등

- 그 외: 노래, 미디어, 경험 등 특수한 기술로 10월의 하늘을 널리 알리고 행사를 풍부

    하게 하는 일

10월의 하늘 핵심 콘텐츠인 '강연'은 강연자의 전문지식과 경험에 의존하고 있고, 작곡이나 동영상 제작 등도 전문적 능력이 요구되는 일이 사실이다. 하지만 이러한 특수 직무를 제외한 다른 대부분의 일들은 '청소년들에게 강연을 들을 수 있는 자리를 마련하는 것'에 중점을 두고 있다. 즉, 장소를 마련하고 사람들을 모으고, 행사를 알리는 등의 일이다. 이를 더 효율적으로 하기 위해, 해야 할 일과 할 수 있는 일은 무엇인지 모여서 생각해보고, 어떻게 해결하면 좋을지 아이디어를 나누고, 무엇이 최선일지 투표하며 민주적인 문제 해결 절차를 밟았다. 예를 들어 가장 업무량이 많아, 사람 수가 많을수록 일이 수월한 도서관 매칭 작업은 포스트잇에 참가 신청자 이름과 도서관을 적어 벽에 붙여놓고 이리저리 움직이며 배치하고, 완성되면 결과를 이메일로 전달했다. 만약 혼자 도맡아 처리한다면 작업자는 부담스럽고 외로울 뿐 아니라 오류도 많이 생길 것이다. 10월의 하늘 준비모임에서는 엑셀을 할 줄 몰라도 한 도서관에 가는 강연자들의 주제가 겹치지 않은지, 또는 빠진 곳은 없는지에 대해서는 모두 함께 확인한다. 만약 누군가 '하이테크 시대에 아직도 이렇게 아날로그 방식으로 일을 하나'라고 답답해하며 강연자 매칭용 프로그래밍을 제공해준다면? 강연자 매칭팀이 덜 고단해지고 나머지 시간에는 잠재적 재능기부자들에게 이 행사를 알리는 데 더 시간을 할애할 수 있을지도 모른다.

'제가 어떻게든 도움이 될 수 있을까요?'라고 물어왔던 많은 사람들이 다양한 방식으로 도움을 주었다. 어떠한 일을 함께 만들어 나가기 위해 가진 가장 소중한 자산인 시간을 나누고, 다른 사람에게는 무척 어려운 일이지만 나는 쉽게 할 수 있는 일을 하는 것, 참여의 중요성과 가능성을 인정하고 책임질 줄 아는 것 또한 '나의 재능'이라고 부를 수 있지 않을까 생각한다.

3) 자발적인 참여가 가능했던 이유

자유롭게 이야기하고 서로 존중한다: 10월의 하늘 준비모임은 애초에 모두가 자발적으로 모였고, 구성원들의 배경이 달랐기 때문에 자연스럽게 서로 존중하면서도 바람직함과 그렇지 않은 것에 대해 자유롭게 이야기할 수 있었다.

우리가 하는 일의 가치에 대해 공감한다: '지방 중소도시 청소년들에게 강연을 제공한다'는 모임의 목표와 가치관에 쉽게 공감할 수 있었기에 협의가 수월했다. 만약, 정치나 종교, 또는 지적 신념과 같이 타협하기 어려운 민감한 대상이었다면 논의과정이 길어지거나 아예 이루어지지 않았을 것이다. 10월의 하늘 준비모임에서 이루고자 했던 바가 사회적으로 바람직하다고 공감할 수 있는 가치였기 때문에 의사결정과정에서 마찰이 비교적 적었고, 그 결과 놀라운 속도로 일을 빠르게 진행할 수 있었다.

4) 책임감을 느끼며 즐겁게 일하는 법

10월의 하늘 행사가 열리는 10얼 마지막 주 토요일 오후 2시. 강연자가 나타나지 않는다면 그 도서관 행사는 실패다. 계약서 한 장 없이 100명 넘는 사람들이 움직이기 때문에 사고가 일어나지 않을 리 만무하지만 다행히 두 번의 행사를 치를 동안 예고 없는 펑크는 단 한 번뿐이었다. 계약서를 쓴다 한들 내키지 않으면 불참할 수 있는 가능성은 여전히 있고 관리한다 해도 그에 따른 인력만 더 들 뿐이다. 분명 위험요소에 대한 대안 마련은 필요하겠지만, 두 번의 행사를 겪으면서 사람들의 따뜻한 마음과 생각보다 높은 책임감을 알게 되었다. 그 과정에서 알게 된, 여러 사람이 함께 최적의 결과를 내면서도 즐겁게 일하는 방법의 요건을 몇 가지 추려본다.

- 필요한 정보는 충분히 제공하되
- 개인이 능력을 발휘할 기회를 반드시 주고
- 자신에게 가장 적합한 수단을 선택할 수 있도록 기회를 제공하고

- 선택에 따른 책임감의 중요성을 진심으로 전달하며
- 이 모든 일을 잘해낼 것이라고 믿는다.

5) '관심 있는 사람'이 스스로 찾아오게 만들기

살다 보면 남에게 부탁이 반드시 필요한 상황이 있기 마련이다. 하지만 부탁을 하기는 쉽지 않고, 부탁을 받는 사람도 쉽게 거절하기 어렵다. 따라서 부탁하는 것은 되도록이면 피해야 하는 최후의 긴급처방이라고 생각한다. 대신 일이 필요한 시점에 잠재적 재능기부자가 흔쾌히 스스로 나설 수 있도록 충분히 알리고 정확한 정보를 제공하는 것이 좋다. 여기에 홈페이지와 SNS가 효과적인 도구가 될 수 있다. 참여를 독려할 때는 행사의 철학을 명확하게 표현함으로써 동기를 부여하는 것이 더 효과적이라고 생각한다.

6) 좋은 강연 만들기

10월의 하늘의 준비기간은 한 달 남짓의 짧은 기간이어서 시간적 여유가 거의 없다. 이 순간 '부탁'과 '기부'의 기로에 놓이게 된다. 행사준비에 꼭 필요한 시각 디자인이나 동영상 제작 등의 전문분야 재능기부자는 매년 달라지기 때문에 특히 더욱 그렇다. 적은 시간에 더 호소력 있는 결과물을 만들어낼 수 있지 않을까라는 생각을 하면 다소 아쉬운 점이 있다.

이는 강연자에게도 마찬가지로 적용되는 고민이기도 하다. 사실 강연 콘텐츠는 개인의 지적 재산이기 때문에 질을 다른 사람이 평가하는 것이 무척 조심스럽고 불가능했지만 분명 강연을 하고 싶지만 경험이 부족해서 내용 전달 기술이 부족하거나 강연 보조자료 (슬라이드나 보조 도구)를 만드는 데 자신이 없는 경우 기술적인 도움을 받을 수 있다면 전체적인 강연의 질이 높아질 수 있는 가능성이 있다. 그래서 두 번째 행사에서는 '강의지원팀'을 신설하여 동영상이나 이미지가 필요할 경우 강연자가 요청하면 적합한 재료를 찾아서 제공하기도 했다.

'강연을 어떻게 하는 것이 좋은가' 하는 문제는 매우 중요해서 준비모임에서도 오래 고민한 문제였지만 그보다는 참가자들이 스스로 고민하고 대안을 함께 공유할 수 있는 자리가 생겨나기를 기대해본다.

7) 10월의 하늘에서 활용한 도구

평소(주중)에는 다른 조직의 구성원으로, 서로 다른 물리적 공간에 있으며 10월의 하늘 관련 업무에 참여할 수 있는 시간대도 각기 다른 사람들이 협력하며 일을 진행하기 위해서는 보다 긴 내용을 담을 수 있으면서도 널리 공유하기 편리한 도구가 필요했다. 트위터는 실어 나를 수 있는 정보의 양이 제한적이고, 시간이 조금만 지나도 타임라인에 남아있지 않아 보다 많은 사람들이 일의 진행상황을 살펴보거나 정리된 문서를 공유하는 데 부족함이 많았다. 10월의 하늘을 진행하면서 개별 문서나 미디어 파일을 공유하는 방법으로는 가장 유용하게 쓰여서 지금도 잘 활용하고 있는 도구인 구글문서를 활용했다. 단체의 이름으로 별도의 서비스 가입 절차 없이 개인의 계정을 생성하여 손쉽게 공유가 가능하여 점조직으로 활동하는 모임의 성격에 부합하는 기술이었다. 가입이나 관리자 없이 스마트폰과 컴퓨터 모두에서 접근이 가능하여 누구나 쉽게 정보를 공유할 수 있었다. 하지만 이 방식에 익숙하지 않은 참가자인 경우 새로운 방식에 익숙해지는 과정에 다소 불편함을 느끼는 것이 문제가 될 수도 있었다.

첫 행사 후 '이웃효과' 전시회를 개최했다. 10월의 하늘팀이 주관한 것이 아닌 갤러리팩토리의 기획전에 6개 팀 중 일부로 참가한 것. 이 전시회를 준비하는 과정에서 점조직의 특성상 자료가 한군데에 축적되지 않아 행사의 진행 과정을 몇몇 참가자들의 기억으로부터 복원하면서 준비과정에서 생겨난 많은 문서들이 그대로 축적되는 웹사이트가 필요하다는 것을 절감했다. 참가자가 매번 바뀔 수 있는 모임의 특성상 다음 사람들이 참고할 수 있는 자료가 그대로 남아 있으면 여러 가지로 유용하리라는 생각이 들었다. 또한 홈페이지가 인터넷 기술 사용 수준이 다양한 사용자들을 대상으로 존재한다면 보다 많은 사람들이 쉽게 사용할 수 있는 보편적인 기술과 인지하기 쉬운 디자인으로 만들어질 필요가 있음도 알게 되었다.

150명 가까이 되는 재능기부자가 한두 사람의 헌신을 통해 움직이기는 전업으로 하지 않는 이상 거의 불가능하지만, 여러 사람이 서로 양해하고 먼저 돕고 각자 가능한 시간을 활용하면 가능했다. 소속이 달라 평소에는 주로 서로 다른 장소에 머무르며 다양한 일을 하는 많은 사람들이 시간과 공간의 제약을 넘어 일을 진행하기 위해서 직접 모이는 시간은 일주일에 두 시간 남짓으로 짧지만 이메일과 다양한 SNS를 통해 모임 전체의 현안을 틈틈이 접하고 대응함으로써 공식적인 조직 못지않은 실행력을 이끌어낼 수 있었다. 이러한 과정을 보다 효율적으로 수행하는 데는 분명 보다 쉽게 접근 가능해진 커뮤니케이션과 공유 도구 공이 컸다. 기술과 SNS가 장소와 시간의 제약을 극복하여 협업하는 데 유용하게 쓰였으며 사람들의 자발적인 참여를 이끌어내는 데 매우 효과적인 도구라는 가능성을 보여준 사례로서 10월의 하늘의 또 다른 의미를 찾을 수 있다.

3. 〈10월의 하늘〉이 끝나면

1) 재능기부자들이 얻는 보상

10월의 하늘 행사는 강연자나 행사진행자 모두 도서관에 대부분 무작위로 배치되는데 이렇게 처음 만난 낯선 사람들이 행사 당일 만나 함께 출발하고 행사를 치르고 돌아오는, 하루 동안의 긴 여정을 함께 한다. 먼 곳은 왕복 10시간이 걸리는 도서관도 있으니 무척 긴 시간 함께 이동하며 이야기도 나누는데 그래서인지 멀리 다녀온 팀들 일수록 친한 사이가 되어 돌아오는 경우가 많았다. 특정 도서관에 함께 다녀왔던 팀들이 친목 모임으로 발전하는가 하면 다른 도서관에서 같은 형태로 강연기부를 기획하기도 한 사례도 꽤 생겨났다. 독서모임과 같은 정기적 친목 모임, 신경건축학연구회와 같은 학술모임, 이웃효과 전시회 참여 등 10월의 하늘 참가자들의 네트워크가 다양한 형태의 모임과 사건으로 발전했다. 이렇게 새로이 생겨난 조직은 10월의 하늘에서 경험한 SNS의 활용이나 협업방법을 보다 다양한 방법으로 적용하기도 했다. 이는 10월의 하늘 진행과정에서 자연스럽게 발생하는 결실이자, 참가자들이 얻을 수 있는 가장 큰 보상이다.

2) 세상에 단 하나뿐인 선물 시리즈

새로운 사람과 더 많은 가능성을 찾을 수 있는 것이 10월의 하늘의 보상이라고 하지만 그것으로는 부족하다는 공감대가 형성돼 두 번째 행사에서는 특별한 뒤풀이 행사를 마련했다. 값을 매길 수 없지만 기억에 남는 선물을 주기로 한 것이다. 이는 10월의 하늘의 취지에 공감하지만 직접 참여하기 어려운 유명인들의 경험과 저작물 기부로 이루어졌다. 예를 들어 '함께 등산하고 삼계탕 먹고 노래방에서 두 시간 노래 부르기(김제동, 정재승)', '결혼식 축가 불러주기(원모어찬스)', '싸인 CD와 책(2NE1 외 다수)', '함께 식사 후 대화', '작업실이나 전시회 방문' 등 세상에 하나뿐인 선물이 행사 후 주어지면서 서로 10월의 하늘 참여에 감사하며 소소한 보람을 느낄 수 있는 자리가 마련되었다.

4. 나에게 〈10월의 하늘〉이란…

10월의 하늘에 참여한 계기는 단순했다. 초,중,고등학교를 제주도에서 다니는 동안 많은 경험을 하는 데 한계가 있다는 것을 느꼈는데 나와 같은 갈증을 느끼고 있을 어린 친구들을 위해 무언기 할 수 있다는 사실이 삼농스러웠기 때문이다.

청소년기에 우연히 접하는 내용이 진로를 설계하는 데 어떤 영향을 미칠 수 있는지, 그래서 이 시기에 교실에서 공부하는 것 외에 세상의 다양한 면을 경험하는 것이 성장에 얼마나 중요한지는 나까지 덧붙이지 않더라도 누구나 공감하는 사실일 것이다. 10월의 하늘은 이러한 내용을 기본 취지로 할 뿐만 아니라, 그 실현 과정 또한 청소년이나 참가자들, 그리고 이를 지켜보는 모든 이들에게 각자의 꿈을 돌아보고 서로 감사하는 마음을 표현할 수 있는 기회 준다는 것이 이 사건의 긍정적인 효과인 것 같다.

10월의 하늘이 두 번 열리는 동안 트위터를 비롯한 SNS 사용 인구가 양적으로 증가하면서 사회적으로 어떤 영향을 미칠지에 대한 관심도 함께 높아졌다. 실제로 이를 활용하여 일을 진행해보니 그 과정에서 생기는 시행착오를 온몸으로 겪을 수 있었다. 하지만 기술의 결과물들이 기존의 전통적인 조직구조를 넘어 새로운 형태로 협업하는 데 효과적인 도구가 될 수 있음을 직접 깨달을 수 있어 앞으로의 변화에 어떻게 대응해야 할지 미리 체험할 수 있는 기회가 되기도 했다.

두 번의 행사에 각각 다른 역할로 참여하면서 사람들이 모여서 일할 때 발생하는 여러 가지 문제를 다양한 시각에서 바라볼 수 있었는데, 개인적으로 이 부분이 가장 받아들이기 힘들었지만 다른 곳에서 얻기 어려운 압축적인 배움의 기회로서 감사하게 여기는 부분이다.

첫 해에는 새로운 사람들이 모여 혁신적이고 사회적으로 긍정적인 일을 한다는 데에 대한 낙관으로 즐거워하며 이를 통해 느리고 보수적인 기존 사회조직에 대한 비판적인 시각이 더 커졌다. 하지만 두 번째 행사에서 전체 실무를 총괄하는 입장에서 참여하면서 기본적으로 취지와 최종 목적에 동의하면서도 배경과 기대 수준이 다양한 사람들이 모이면 발생할 수밖에 없는 문제에 직면하면서 큰 조직들에 대한 막연한 비판은 거두고 오히려 보수적 관료제 조직과 자유로운 점조직의 장단을 객관적으로 받아들이려는 태도를 갖게 되었다.

서구사회에서 NGO나 NPO를 통한 사회참여가 정치참여나 민주주의에 대한 시각을 길러나가는 밑거름이 되는 것처럼 참여의 중요성, 토론문화, 상호존중과 다양성 인정과 같은 시민으로서의 덕목을 직접 고민하면서 배우게 되었다는 것은 10월의 하늘과 같은 형태의 모임의 또 다른 긍정적 파급효과라 할 수 있을 것이다.

시작은 다른 사람이 꿈을 키워나가는 데 도움이 되려고 참여하기 시작했는데, 그 과정에서 나에게 일어난 일련의 변화는 과분할 만큼 감사하다. 첫 해에 우연히 남양주 별내도서관에 추가 현장진행자로 가게 되었는데, 그 자리에서 김진성 선생님의 방사선이 의학적 치료의 기술로 쓰일 수 있다는 내용의 강연을 보면서 나도 나의 분야에서 저런 연구를 하고 언젠가 강연을 할 수 있다면 좋겠다는 꿈을 더 이상 미룰 수 없어 한참 고민하며 당시 조용히 준비하고 있던 대학원 진학에 용기를 얻었다.

10월의 하늘에서 경험한 참여의 가치, SNS와 네트워크 조직이론, 지방 중소도시에 대한 경험은 도시계획 전공으로 진학하여 공부하면서도 연구 주제가 되고 있기도 하고, 무엇보다도 세상에 좋은 사람들과 함께 살고 있음을 확인하게 되어 한결 즐거워졌다. 10월의 하늘에 참가했던 다른 분들도 각자의 위치에서 이번 참여를 계기로 생겨난 변화가 많을 것이다. 좀더 많은 사람들이 이러한 즐거운 변화를 함께할 수 있으면 하는 바람으로 10월의 하늘을 항상 응원하고 싶다.

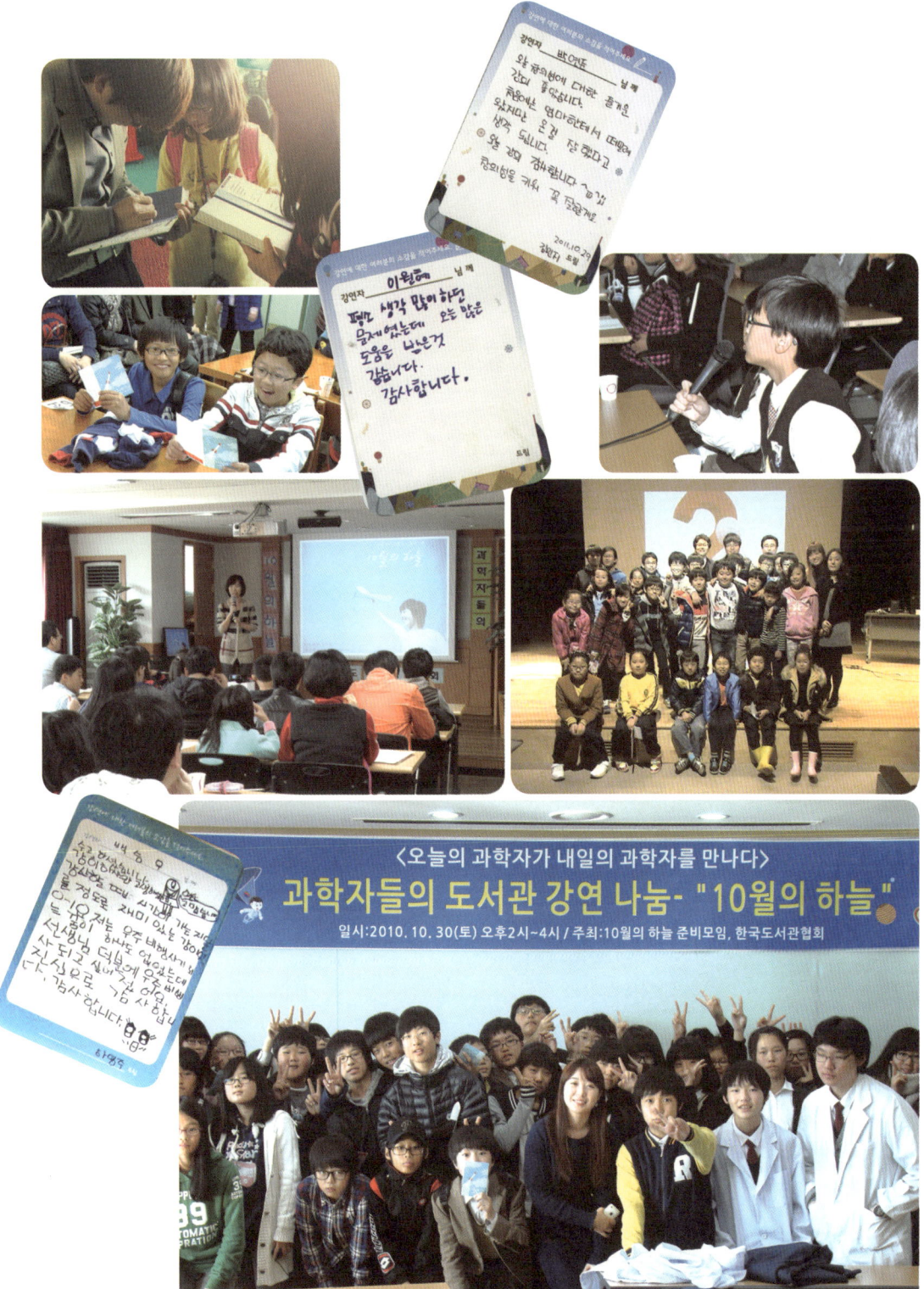

총 강의 수	69개
총 참여 인원	**강사** 69명
	현장 진행 진행 기부자 58명
	도서관 직원 60명
사전 진행	27명
준비 모임	22명
총 관객수	2,389명(추정)
총 참여 도서관	29개
총 준비기간	57일
총 소요비용	0원

기부 품목	**도서** 1,830권
	포스터 12작품
	음원 2곡
	영화 1작품
	엽서 2000장
	스티커 2000장
	DVD 29개

강연

서울 **강일도서관** 임성혁, 정의석, 서영진
　　　암사도서관 정원영, 주희상, 강은주
　　　푸른들청소년도서관 이익성, 황두진
　　　문래정보문화도서관 장원석, 조애경

인천 **인천광역시립영종도서관** 이서울, 김성은

경기 **동두천시립도서관** 최승준, 김규태, 이윤중
　　　하남시나룰도서관 정지찬, 최진, 윤서영
　　　남양주시별내도서관 김진성, 염지홍
　　　남양주시진건도서관 백두성, 조철현, 류성헌
　　　남양주시오남도서관 차동원, 장혜원

강원 **명주도서관** 김기상, 박재현
　　　담작은도서관 전요셉, 윤신영, 안병선
　　　양구도서관 이명현, 한왕근

대전 **대전광역시한밭도서관** 김지연, 임지순, 김승석

충북 **신백아동복지관 한울타리도서관** 이병규, 정효일

충남 **당진시립중앙도서관** 박대원, 이원혜
　　　부여도서관 송현욱, 최지연
　　　충청남도평생교육원 이재범, 한대희

대구 수성구립용학도서관 이정모, 윤석주

울산 울주도서관 김승환, 정재승

경북 안동시립도서관 이상훈, 김지연, 오요한
칠곡군립도서관 장영재, 임지현, 박수진
포항시립포은도서관 박지은, 전재오
포항시립오천도서관 이지민, 김태수

경남 진영도서관 이승주, 허성원, 손혜민
하동도서관 백승우, 박창호, 윤형섭
삼천포도서관 이용현, 노수일

전남 목포어린이도서관 김도엽, 황지은
목포공공도서관 금종민, 이동원

현장 진행
강보배, 강수영, 강주영, 김경식, 김국환, 김기룡, 김동옥, 김민경, 김보람, 김산하, 김서경, 김성우, 김성환, 김소진, 김에스더, 김영찬, 김은영, 김인욱, 김지연, 김지은, 김헌수, 김현정, 김혜영, 김홍석, 김희경, 김희원, 김희정, 노보나, 노진표, 류지수, 문지혜, 민들레, 민우정, 박미란, 박선영, 박수진, 박찬희, 박혜련, 박혜림, 송지윤, 신혜지, 오미경, 오성아, 오윤지, 오혜연, 원은영, 유수봉, 윤나래, 윤서연, 윤수정, 이나혜, 이민경, 이선정, 이솔희, 이수민, 이수현, 이승연, 이승우, 이승희, 이시영, 이신형, 이완석, 이종은, 이지민, 이춘도, 이호연, 이현주, 이혜정, 임승윤, 임연정, 임은선, 조진영, 장윤재, 정근수, 정유진, 정영석, 정윤경, 정재은, 정지은, 차선주, 천현정, 최용진, 최혜규, 한은애

기타 기부 심현보, 정지찬, 박원, 윤종신, 조정치(음악/노래) 홍석천(뒤풀이) 바다출판사(포스터, 스티커 인쇄) 1001안경(DVD), 윤주산(홍보동영상 제작), 이도원(Interactive Map), 김지훈, 정의석, 강영지 님 외 여러분(포스터 · 일러스트 제작)

도서 기부 넥슨출판사, 아름다운 배움, LG CNS, Yes24, 인터파크, (주)토마토이덴씨, 권규, 김보람, 김현정, 신현진, 장우석, 정영휘, 정지윤, 정혜승, 조희정, 유대한, 윤이은, 이동철, 이병철, 이완석

준비모임 정재승(대표, 행사 제안 · 기획) 한국도서관협회 심효정, 최인경(회원교류팀, 도서관 모집 및 도서관 관련 연락 등), 김소진(총무, 도서관 접수), 김준태(10월의 하늘 작명, 행사 관련 글 작성 총괄), 황지은(온라인 기부 신청 접수 양식 작성, 하늘응원 기획), 권순범(기부 신청 접수, 정리), 이형록(SNS 개설, 운영), 신정규(공식 홈페이지 개설, 운영), 정용진, 김지예, 한규빈(강연자–도서관 배치), 류진아, 민우정, 이지수(진행기부자–도서관 배치), 김은진(진행기부자–도서관 배치, 엽서 디자인), 김현정(엽서, 스티커 택배 발송), 신경용(기업기부 신청 관리), 차선주, 김기룡(기업기부 신청 관리), 오선아(강의 진행가이드), SCN Yonsei(행사 지역 학교홍보), 이미진(홍보), 이준수(홍보동영상 제작, 강연 동영상 제작)

+이름을 밝히지 않은 재능기부자 다수

총 강의 수	93개
총 참여 인원	**강사** 96명
	현장 진행 진행 기부자 89명
	도서관 직원 90명
준비 모임	28명
총 관객수	5,000명(추정)
총 참여 도서관	43개
총 준비기간	57일
총 소요비용	0원

강연

경기 **남양주시별내도서관** 정지훈, 이윤중, 권홍진
남양주시오남도서관 김선형, 박연준
남양주시진건도서관 이병규, 전홍식
동두천시립도서관 박재용, 송현욱
성남시중원어린이도서관 김영미, 손혜민, 전요섭
안산시감골도서관 문경수, 민영삼
안성시립공도도서관 김지연, 박현호
용인중앙도서관 권오준, 이상훈
통진도서관 이익성, 이준우, 이은희
평택시립도서관 권규현, 백두성
하남시나룰도서관 유용욱, 이원혜
봉담도서관 이일하, 정보영

강원 **담작은도서관** 이명현, 조남준, 김민식, 정원영
동해시립발한도서관 김태수, 정윤미
영월도서관 강오석

충북 **내보물1호도서관** 금종민, 김기상
신백아동복지관한울타리도서관 강인협, 이상희, 정재승
제천기적의도서관 백승우, 윤근주
청주기적의도서관 문제혁, 이정모, 변강석
충주시립도서관 윤형섭, 이상옥

충남 **공주시시립도서관강북관** 이충근, 한대희
부여도서관 노수일, 송영한
충청남도서부평생학습관 김성연, 박수진
충청남도평생교육원 김정환, 김창규

전북 **부안군립도서관** 강은주, 정영진
완주군립도서관 이동원, 전응진

전남 **담양공공도서관** 이송근, 조재원
　　목포공공도서관 윤신영, 이서울
　　목포어린이도서관 김지은, 장원석, 신민정
　　순천기적의도서관 김성호, 조일연
　　순천시립중앙도서관 류성헌, 한선화
　　장성공공도서관 박창호, 조준희
　　장흥공공도서관 경우민, 김진성
경북 **구미시선산도서관** 장지현, 박민영
　　안동시립도서관 오요한, 이기욱, 조광일
경남 **창원성산도서관** 김택진, 윤송이
　　거창도서관 안민규, 황지은
　　칠암도서관 이동환, 주진명, 허성원
　　남해도서관 윤석주, 정용진
　　성산도서관 김택진, 윤송이
　　양산도서관 이한승, 전승열
　　웅상도서관 노은정, 신정규
　　진영도서관 문준영, 류지수, 이소월
　　통영도서관 김탁환, 이지민

현장 진행
강민정, 강보배, 강석원, 강주영, 국민수, 권지혜, 김국환, 김덕훈, 김민경, 김성우, 김소진, 김수현, 김연경, 김영은, 김용우, 김인욱, 김정희, 김지언, 김지예, 김지은, 김지혜, 김현정, 김혜연, 문형식, 민우정, 박미란, 박수진, 박은주, 박정렬, 박정진, 박혜림, 서영애, 송지윤, 신은교, 신지혜, 심경희, 심소연, 안영신, 양재실, 오미경, 오재은, 오혜연, 우현혜, 원태희, 육자연, 윤민지, 윤소윤, 이고은, 이민아, 이수경, 이정원, 이종은, 이지민, 이지수, 이지은, 이철성, 이춘도, 임슬기, 임승윤, 임창용, 장영주, 정명수, 정승한, 정영선, 정은선, 정지윤, 정지은, 조용민, 조은혜, 조혜림, 주윤선, 최민지, 최선희, 최용진, 한수경, 한우람, 한혜은, 황은미

기타 기부 김제동(동반 산행), 김탁환(작업실에서 티타임), 고재열(함께 점심 식사), 탁현민(백스테이지에서 함께 공연 관람), 김작가(작업실 음악회), 이적, 윤종신, 정지찬, 정원영, 정재형, 양진석, 장재인, 이이언(사인앨범) 김혜리, 강풀, 황경신, 정지훈(도서 사인본) 등

도서 기부 로레알, 해나무, 그레이트북스, 궁리사, 지성사, 웅진

준비모임 정재승(대표), 한국도서관협회 심효정, 최인경(회원교류팀, 도서관 모집 및 도서관 관련 연락 등), 김은진(총무, 홈페이지 운영), 김준태(철학 담당, Manifesto작성), 황지은(홈페이지), 이지수, 강보배, 김민경, 김소진(강연자 배치), 김지예(강연자 배치, 홈페이지), 류진아(강연자 배치, 진행매뉴얼), 민우정(현장진행기부자 총괄), 윤신영(홍보 · 보도자료 총괄), 김현정, 안종욱(홍보), 김지은(포스터, 엽서, 스티커 디자인), 이희선, 박민혜, 오수진(강연지원), 박수진(강연홍보 트윗 작성), 박정진, 윤빈(재능외기부 관리), 백지혜(로고디자인), 신유빈, 유지열, 정지은(10월의밤 행사 기획 · 준비), 신은교(재능기부자모집관리), 신정규(홈페이지, 재능기부자 모집시스템 구축), 조혜림(준비모임 트위터)

+이름을 밝히지 않은 재능기부자 다수

| 사진판권 |